聽松文庫
tingsong LAB

i

为了人与书的相遇

广西师范大学出版社
· 桂林 ·

目录

03 咖啡吧派

04 哈比达派

距离和梦想

中文版序

当初写《十宅论》的时候,正是“泡沫经济”盛行之时。所谓“泡沫经济”,就是指日本经济一度遭遇狂乱的状态。土地、房产价格暴涨,大街上到处都是起重机。那时的我年仅31岁,还未开设自己的事务所,正在纽约逍遥地当着一名研究员,终日清闲之时,写了这本书。

当时的我跟社会还有着一定的距离,自然也就跟“泡沫经济”有了一定的距离。正是那种距离,才令我写出了这本书。写完此书后,我就回到了东京,随着距离的消失,悠闲的生活也消失了。为了经营好自己的事务所，完成自己的建筑作品，我开始了忙碌的每一天。竭力奔走于“社会”内部的生活也就开始了。在忙碌生活即将开始之时，如果能跟社会保持一定的距离，睁开懵懂的双眼，用一种稍带刁难的眼神，用一颗没有归属的自由的心，孤独地去观察社会，将为自己以后的人生带来莫大的帮助。那个时候的我，有机会从一个自由的地方眺望自己的建筑，从中考虑自己的未来，并且静下心来悠闲自得地思考应该以怎样的一个身份、沿用怎样一种哲学思想来创造出建筑作品。说是悠闲自得，其实心情丝毫没有放松。因为那时很多朋友已经先我一步，拥有了自己的事务所，开始发表自己的作品。而漫步在纽约大街上观看建筑或是躲在图书馆里的我，有一种被遗弃的感觉，哪还会悠闲自得，内心可谓是焦躁万分。

本书与平安初期［8世纪末、9世纪初］的僧人空海最早的著作《三教指归》有着稍许相似之处。将渡海去唐朝学习密教并开创了真言宗的伟大僧人跟自己相比，似乎有点不自量力，但我觉得空海写《三教指归》的过程，跟我的情况稍有相似之处。空海在写这本书的时候，也是跟社会保持了一定的距离。他对大学里教授的学问感到失望，中途退学后，不知道自己今后该学什么、做什么，因而开始流浪，其间他对三教——儒教、道教、佛教冷静地进行思考，甚至不乏幽默感地进行比较，终于明白了佛教才是自己应该潜心研究的领域。而我比较的并非三教，而是十种住宅，也是尽量冷静地、不乏幽默感地进行比较。然而，与空海做出的选择不同，我从这十种住宅中没有选择任何一种。当初我的真实想法是，希望能超越这十种类型，探求别的什么东西。可惜的是，那个时候什么也没寻到，只是保持了一种希望能在这十种之外梦幻般地看到什么的心情。从不满足于现状、抱有梦想这点上来看，跟空海也没太大的区别吧。之后，他又不满足于日本的佛教，去了唐朝，专心于密教的研究。

与社会保持一定的距离，不满足于现状并始终抱有梦想——我想让现在的年轻人知道这是多么重要的两点。特别是在像当今中国这样飞速发展的社会中，更是不能忘了这两点。

然而，究竟怎样做才能保持一定的距离呢？我当时是辞了工作，利用了纽约与东京之间的地理距离，才得以与“社会”保持了距离。同样，空海也是退学后，利用了日本与中国［唐朝］之间的距离。如今，这本书被译成中文在中国出版，怕是又生出了新的距离吧。这样的新距离，又能造就什么样的新事物呢？——我满心期待，在此等待。

为什么分十类

日文版序

本书主旨在于将日本的住宅分为十类来具体介绍，因此前面部分先对分类规则的前提条件作了一个稍带学术性的介绍。为什么要分成十类呢？其实并没有什么特别的理由，说成是十一类、十二类也未尝不可，甚至可以马上就改成别的类数。选择十类的唯一理由，只是想要将题目定为“十宅论”罢了，曾经有一本名为《住宅论》的书，书中将“住宅”在很大程度上神圣化了。《十宅论》的书名便是取自《住宅论》，并且其中还有著名罗马建筑师维特鲁威［Marcus Vitruvius Pollio］[1]

[1] 马可·维特鲁威：公元1世纪初的罗马建筑师、建筑理论家。因撰写了现存最古老的建筑学书《建筑十书》而闻名。此书以希腊罗马的建筑为主，被当作是古典主义建筑的理论核心。书中用多利亚式、爱奥尼亚式、科林式、托斯卡纳式和复合式这五种柱子象征了《建筑十书》的精神，并作为其“古典主义建筑”精神的精髓。［原书注。本书注释若无另外说明，均为日文原书注］

所著的《建筑十书》的影子。

最初不管三七二十一地钻到这个被称作“住宅”的东西里面，最后的结果便是写成了此书。书中既没有对住宅产生过度联想将其神圣化，也没有故弄玄虚，更没有想借此来进行自我宣传的意思。我当时只是想要把目前日本人的住宅状况及对住宅的认识作为题材，尽量客观真实地记述下来。没想到结果却与原本的意图恰好相反，文章内容不但夸张而且充满了偏见。然而时至今日，切合实际的描写与夸张的叙说已经没有区别了，我只是不希望这种夸张被当作“来自对现实的过分热爱或是受现实局限”的产物而已。

解说

山口昌男

给这样明晰易懂的书写解说其实是很难的，但即便是这种易懂的书，也包含了很多层次。作者隈研吾提倡的是将战后日本的住宅分为十类，来探索日本人的居住感觉。“十宅论”这个题目本身就是带有游戏性质的，首先是模仿了过去将住宅神圣化的《住宅论》的题目，其次，它的内容又会让人联想到马可·维特鲁威的《建筑十书》。可以说，作者通过模仿《建筑十书》，表现出了重视文脉的日本式符号原理及其象征意义。维特鲁威所说的古典主义建筑的精神，就是基于“分类”而来的。作者正是采用了这种在分类基础之上明示各种象征意义的风格。提出“构造理论”的人类学家克洛德·列维－斯特劳斯 [Claude Levi-Strauss] 在《神话学》《野性的思考》中，表现出一种明确的古代社会所特有的思考方法，而作者的思考方法，其实是对斯特劳斯的一种模仿。

绪论的章节，几乎就是一种日本文化论。隈先生以罗兰·巴特的《符号帝国》为例，强调了日本文化中象征的重要性，同时找到了西洋与日本文化中象征的作用之间的细微差别。他推定，爱奥尼亚式柱子的象征意义，跟壁龛的茶室插花所代表的象征意义，在本质上是一样的。

他的理论依据来源于两位法国的日本研究者的理论。一位是奥古斯丁·贝克尔，他是社会学家、著名的北非历史研究家雅克·贝克尔 [Jacques Berque] 的儿子，几年前一直在东京的日法会馆担任馆长。另一位是语言学家艾历克斯·李嘉乐，他是法国驻日使馆的文化参事，也是我所在的研究所的客座研究员。

隈先生的日本文化论，就是基于这两人的理论的。贝克尔提出的理论是“日语的文脉依存构造”，认为日语的单词并不是没有变化的，而是由不同的语境决定的。贝克尔的这个想法，跟李嘉乐的“场所中心语言说”又是一致的。隈先生在注释里解释，“场所中心语言”与“人称的、主体的、自我为中心的语言”［西欧的大部分语言］是相对的，而这正好跟“理论中心语言”是相重合的。这一观点既很好地说明了日本人的性质，又说明了日本文化中符号的性质。人们常说，西欧文化是靠物体的单位来计量的。即便是在神的面前，构筑世界的物体也是由不变的单位组成的。主语清晰的语言是如此，构成建筑基础的四四方方的砖瓦是如此，音符变换组合成音乐是如此。构成现实的事物，就是确定了单位的构成体。但贝克尔、李嘉乐指出，日语就不是这样的，日语中支配语言结构的是文脉。反映在建筑上就是，城墙虽然也是使用石头，但是以嵌入式结构建成的。反映在音乐上就是，三味线音乐根据音乐本身的意境，来决定下一个音符。在探索到下一个音符前的间隙，还有一个专门的名称叫做“SAWARI”。能乐[1]中的音乐，也都是不定音程[2]的。地方歌谣也重视这种音乐里的“意境”。

换言之，西欧文化中语言的符号作用是固定的，而日本文化中不确定的因素要多很多，是依据文脉附加内容再发挥它的作用。因为西欧语言中，词的意思都是固定的，所以要想产生出新的意思，就必须创造严格的作诗方法。相比之下，日本作诗方法是靠文脉构造来产生新的意思的，比如连歌[3]中“座”就是一个规定的语法。这一点，是值得对符号学有兴趣的人去好好研究的。

隈先生举了壁龛上的插花作为文脉构造的具体例子：

“插花本身不能充分给出其形态上的定义，它本身只不过是开在角落里的再普通不过的一朵花而已。而它所处的‘场所’却是特定的，处在这样的‘场所’，即使是一朵毫不起眼的小花也因此有了象征作用。”[参见“分类的前提”一章]

我以前没有注意到的是，隈先生觉得渡边和博的畅销书《金魂卷》

[1] 能乐：日本中世的艺能中，包含舞蹈和戏剧要素的艺术形式。［译者注］

[2] 音程：两音高度的距离。西洋音乐中，以全音阶的7音位置关系为基准，用“度”这一单位表音程。［译者注］

[3] 日本古典诗歌的一种体裁，把短歌的上下句分开，先由二人问答唱和，然后由在场的人依次将上下句吟咏接续下去的诗歌联唱形式。［译者注］

也是反映文脉构造的一个很好的例子，书中根据网球拍这个“东西”不同的放置场所来定义“完美有钱人”与“完美穷光蛋”。[4] 我跟隈先生经常一起打网球，从这个文脉构造看来，隈先生是完美有钱人，而我是喜欢向别人炫耀的穷光蛋。隈先生虽然没有这样写，但可以说《金魂卷》实际上就是一本符号学的书。那么，隈先生的这本住宅论的书，不仅是住宅符号学，同时也是日本文化符号学的书。

日本的符号学属于新领域的学问。很多人对符号学并没有好感，也有人觉得日本的符号学家在定义符号时，不过是依赖了欧洲的理论中心构造。也就是说，受西欧理论的限制，将符号作为一种固定的东西来把握。

但是，隈先生分析了符号的差异化、再差异化后，我们就能看清符号流动性的意义与作用。利用这种方法，我们甚至能够分析日本社会的构造。隈先生认为日本社会表面上可以看作是一个均质的集团，但实际上在内部形成了一个个有着细微差异的“场所”。这里所谓的

[4] 参见〝分类的前提〞一章。［译者注］

“场所”,有的时候可以理解成一定的空间领域。将这两种意义上的“场所”按照一定的顺序组合起来,渐渐形成一种更狭小的“场所”。例如,茶道的世界就是一个“场所”。

既是建筑学家又是建筑家的原广司，在将“均质空间”与“非均质空间”作对比时，把这一理论进一步深化了。他认为，非均质空间是由象征价值更高的“理”组成的,而非“物”。隈先生则将这种“理”跟“场所性”结合在一起进行说明。“理”不是由内部意识决定的，而是由它所在的“场所”[外部因素]决定的，也就是说，“理”的象征作用跟“场所”有着很深的联系。

关于这种“场所性”，哲学家中村雄二郎使用了“场所”[*Topos*]这个概念，指的是隐含在文化中的宇宙观，对于那些幻想家来说，这其实是一种存在的构造。隈先生虽然还没有涉猎到宇宙观，但中村提出的这个概念跟隈先生的“场所”概念是有一定重合性的。从这点可以看到，隈先生的思想在日本知识界中占有很高的地位。

将隈先生的理论从建筑上展开，可以通过弄清“理”的象征作用如何跟场所密切相关，再在场所分类的基准上来分析住宅风格的差异。在隈先生看来，住宅风格的差异，既反映出住的人的差异，也反映了价值观的差异，支配着那个“场所”里所有的象征作用。

而在此前提下形成的“家”的概念，其实是包含了场所性的。

另外，隈先生就日本文化的“借用”性，从符号学角度，提出了重要观点。下面引用其中比较长的一段：

“野外角落里生长的一朵寻常小花如果被置于某特定的‘场所’，就开始具有不同的意义。办茶会的主人赶早起来，到野外去采摘来这样那样的小花。这些小花是因此才有了意义，而不是其本身就具有什么特殊的意义。换句话说，花本身并不具有固定不变的意义。这种象征作用，重要的一点在于本体事物所处的‘场所’，尤其重要的是事物从另外某个‘场所’被搬运到了现在所处的‘场所’。也就是说，决定事物象征意义的是前后两个‘场所’之间的关系。如果不能从一个‘场所’到另一个‘场所’，即如果不是‘借来之物’的话，就不具有任何象征意义了。这就是日式象征作用的原则。”［参见“分类的前提”一章］

这个“借用论”又是跟日本文化中的“引用性”是重复的。我本人也就“引用”写了两篇文章［“作为方法的引用”，《文化的动力》，1980年5月号；“引用的诗学”，《语言生活》，1987年11月号］。另外，郡司正胜也在《风流图像志》中使用了“比喻”这个概念，以“山”为中心，总结了日本文化的节点就在于“比喻”。

“‘比喻’这种思维方法，正是日本民族的活性之源，形成了文艺、美术等艺术构造，成为造型、美学的基础。采用古歌作新歌是思维方法的一种，把‘山’比喻成什么，是与祭祀的生命相关的，靠‘再生’的手法将其‘风流化’。正是有了这样的新趣味、惊异、活力，才使得祭祀活动圆满完成。”

隈先生提出的十种风格，正是对这种理论的应用。读者可以边对照自己的风格，边畅游于现代风俗、日本文化的源流与现状中，并且在不知不觉中接触到符号学的先端，了解一些现象学的方法。因为，这不是一本单纯的建筑书。

分类的前提

哥伦比亚大学坐落于纽约的中心。我在这儿做过一年的客座研究员。哥伦比亚大学的建筑物大多于1890年前后，依照美式学院派风格［American beaux arts］[1] 建造而成。“美式学院派”在纽约是很常见的建筑样式，纽约的主要公共建筑物几乎都是依照“美式学院派”风格建造而成。之所以会这样，是因为这些建筑物都是集中在20世纪初的一段时期建造的，而那段时期正是“学院派”建筑风格占主导地位的时期。但作为其中之一的哥伦比亚大学的建筑[2] 还有它独特的地

---

[1] “学院派”［beaux arts］这个名字是从巴黎美术学校［École des Beaux-Arts］得来的。在那里所教授的以古典主义为基础的建筑样式被称作“学院派”。

[2] 哥伦比亚大学目前的建筑群是由“学院派”的代表建筑事务所［McKim, Mead & White］［1893］设计建造的。

方——作为建筑物一部分的柱子。有高耸的柱廊，也有用作装饰墙面的壁柱［plaster］，它们都属于爱奥尼亚式的柱子。简单来说，“美式学院派”是继承了希腊、罗马、文艺复兴风格的欧洲古典主义建筑被改造成美式风格的结果。如果看到了希腊建筑的典型代表帕特农神庙［Parthenon］[1] 就会明白，古典主义建筑的基本就在于柱子。而托斯卡纳［Toscana］式、多利亚［Doria］式、爱奥尼亚［Ionian］式、科林［Corinth］式和复合式，这五个种类的柱子则是基础中的基础。为什么只有排第三位的爱奥尼亚式能够出现在哥伦比亚大学呢？这其实没什么可奇怪的，因为哥伦比亚大学是所重要学府，而在“学院派”中有很多规矩，“能够与学问、学者相配的只有爱奥尼亚式的柱子”也是其中一条。既然知道了这样的规矩，自然也就没有理由去破坏它了。

这样的规矩，也可以说成是一种“象征”。例如，爱奥尼亚式是学问的象征，多利亚式是男性力量的象征，这就是“学院派”世界里所谓的象征。当然这也不能算作是“学院派”建筑世界里独有的东西，

[1] 神庙建在雅典卫城［Acropolis］的山坡上，它因均衡美观的构造而被称作是实现古典理想的建筑。

作为古典主义建筑基础的五种柱子

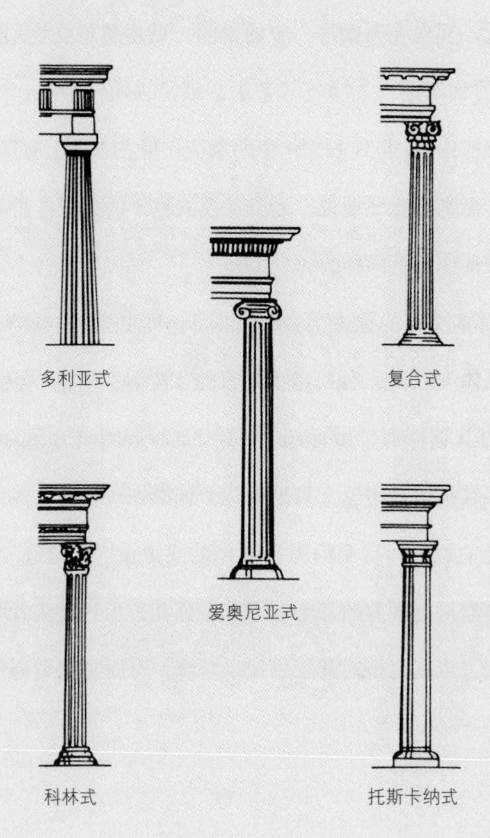

也不能说是西方文化特有的产物。在日本文化中，象征同样有着重要的意义，并且日本人还能够巧妙地运用这样的象征作用，并对其提炼再提炼。对此，我也无须做进一步的说明。只要想想罗兰·巴特［Roland Barthes］[1] 的日本论——《符号帝国》就足以明白了吧。只不过西方文化中的象征作用，与日本文化中的象征作用在本质上有微妙的不同。例如我们不能毫无犹疑地说，爱奥尼亚式柱子的象征作用与壁龛上所摆插花的象征作用是同样的。

研究日本文化的优秀学者奥古斯丁·贝尔克［Augustin Berque］，针对日语作了如下分析。他将清少纳言的《枕草子》中“春はあけぼの”一句拿来与其英译版“In spring it is the dawn that is most beautiful”作比较，并且指出日语原文只是把几个词摆在一起而已，而译成英文就有了固定的意思。这是因为日语是以“文脉依存构造”为基准的。换言之，虽然只有零散的几个词语摆在那儿，但只要读者明白了其上下文的脉络，也就无须对其意思加以解释，有时加上解释反而会限制

[1] 罗兰·巴特［1915—1980］：语言学家。倡导“构造主义”的先驱。曾用符号论来分析说明日本文化、日本的生活方式。所著《符号帝国》［*L'emplredes signes*］［1971］是研究日本文化不可或缺的资料。

了原句想要表达的意思。正是因为把词语作为重心，读者才能更好地理解原文的意思。这就是他所说的“文脉依存构造”。[2] 这样的想法其实是从艾历克斯·李嘉乐［Alexis Rygaloff］的“以场所为中心的语言”［*Local centrique*］那儿得到的启示，贝尔克只不过换了一种说法，将其称为“文脉依存构造”。[3]

这个道理适用于解释壁龛上插花的象征意义，但却无法解释爱奥尼亚式柱子的象征意义。爱奥尼亚式柱子的象征意义，是由它所处的地点来决定的，因为其本身就已经给出了充分的形态定义。就像是读了《枕草子》的英语译文，即使是不懂“文脉”为何物的读者，也能充分理解日语原文的意思了。但插花的例子却并非如此，插花本身不能充分给出其形态上的定义，它本身只不过是开在角落里，再普通不过的一朵花而已。而它所处的“场所”却是特定的，处在这样的“场所”，即使是一朵毫不起眼的小花也因此有了象征作用。这种象征作用贯穿于最基本的日本文化中，不仅在茶道的世界里，绘画的世界、料理的

[2] 奥古斯丁·贝尔克，《空间的日本文化》，筑摩书房，1985。

[3] 艾历克斯·李嘉乐，“Existence，Possesion，Presence”，*Cahiers de Linguistique d'Asie Orientale*，Paris，1977［1］。李嘉乐将汉语和日语并称作“以场所为中心的语言”，其他语言则称为“以人称、主体、自我为中心的语言”。

世界，甚至建筑的世界，这样的象征作用也同样适用。

现代建筑总是无视建筑固有的象征作用。“拉斯维加斯的街道上四处可见的广告牌、标语、建筑，那样丰富的象征作用才是建筑师所应该学习的。”——建筑师罗伯特·文丘里［Robert Venturi］[1]这样主张。这是对丧失了象征作用、毫无个性的现代建筑彻底的批判。

20 世纪 60 年代，文丘里发表了几篇论文，以此为契机，建筑师之间开始流行将建筑作为象征作用的本体来看待。这次变化与目前后现代主义［post modernism］[2]建筑的变化趋势结合在了一起。然而文丘里要求现代建筑师去学习借鉴的拉斯维加斯街道上的象征作用究竟是怎样的呢？如果照之前的分类情况来看，就一定是指西方文化中的象征作用了。拉斯维加斯就像是出现在沙漠里、绿洲一样的城市。来自世界各地的观光客是这个城市的主角，他们带着不同的文化背景在此停留数日后，又像沙漠的风一般消失了。在这样的城市里，什么“场所”“文脉”，统统不存在。在这样的城市里，日式的象征作用根本无

---

[1] 罗伯特·文丘里［1925—2018］：最著名的建筑师、建筑理论家之一。主要著作有《建筑的复杂性与矛盾性》［1966］、《向拉斯维加斯学习》［1972］。《建筑的复杂性与矛盾性》是近 20 年间建筑发展过程中最重要的著作，被称为后现代主义运动的导火索。

[2] 后现代主义如果按照文字表面的意思来解释，意思就是现代主义建筑之后［post］的建筑，一般是指历史建筑语言的复活，以引用为特征的建筑样式。

用武之地。在此，只有西式象征作用才会突显出来，遍布于拉斯维加斯的大街小巷。文丘里举了“拉斯维加斯作为建筑界的象征作用”的例子是非常恰当的，然而这也并不能说明“拉斯维加斯式”的象征作用就能代表所有的象征作用。

在日本有本书叫作《金魂卷》[3]。这本书乍看上去好像是极为肤浅的一本书，但其实当中就隐含着日式的象征作用。《金魂卷》中不断地提出“场所”的问题。同样是一副网球拍，如果放在某一个特定的场所，就是“完美有钱人”[4]的象征，但如果放在另一个特定的场所，就成了穷光蛋向周围人炫耀的资本。同样一件东西，因其所处的时间、地点的不同而成了截然不同的象征，《金魂卷》就是这样以各种通俗的东西为例来说明的。在这个意义上，《金魂卷》称得上是用来解释日本文化最好的教材之一。它对于以场所为中心的象征作用作了通俗易懂的说明，而且日本人对于场所差异所表现出来的“那种神经质般的细致敏感”也在此书中得到了充分的体现。尽管日本人总

---

[3] 作者是插图画家渡边和博，主妇之友出版社于1985年出版发行。书中对“现代人气职业三十一的完美有钱人，有貌有力又有型的完美穷光蛋”作了分析，“完美有钱人”“完美穷光蛋”也因此成了当时的流行语。

[4] 《金魂卷》中所使用的渡边和博创造的新词，书中将不同级别的有钱人和穷光蛋所处的场所都细化说明了。

是以整齐划一的集团面貌出现，但在这个集团的内部其实是有极为细致的“场所”分级的。这里所说的“场所”既指有着共同特点和共通规则的小集团,有时也是指一个单纯的空间领域。但无论是哪一种“场所”，其内部都会根据某种特定的序列或组成进一步细化。茶道的世界也是如此。日本人不满足于一个世界，于是开始渐渐形成一些有着微妙差异的“场所”，即我们所说的流派。茶道或是插花的世界也好，《金魂卷》的年轻读者的世界也罢，都是少不了这份细致敏感的。

本书的题目说的也正是“场所”的问题。任何事物所代表的意义并不只是由其内部决定的，事物所处的场所［即外部因素］也是起决定作用的，本书对此作了详细说明，而且明确了这样一点：事物的象征作用在很大程度上还是依赖于其所处的场所。这就是本书的主旨所在。

本书是以住宅的样式差异作为“场所”的分类标准的。住宅样式的差异就代表着住宅主人的差异，即代表着住宅主人价值观的差异。这种差异能够支配不断扩展的象征作用的整体。这就是本书的前提。

“家”这个词在日本不单是指一座房子，还意味着家人和自己，即意味着其内部的一般因素。对于这点，我需要首先说明一下。在“家”这个场所里的象征作用，是通过住在里面的人的价值观［即内部因素］表现出来的。在《方丈记》中，关于住宅的描述占了较多的篇幅，这绝不是偶然。因为对自己住宅的描述实际上就是对自己的描述。把住宅定为象征作用的表现“场所”是再自然不过的事情，至少在日本是这样的。

本书是从各个不同的角度，带着两种含意写作而成的。日式的象征作用等于以场所为中心的象征作用，从某种意义上可以说成是“借来之物”的象征意义。野外角落里生长的一朵寻常小花如果被置于某特定的“场所”，就开始具有不同的意义。亭主[1]赶早起来，到野外去采摘来这样那样的小花。这些小花是因此才有了意义，而不是其本身就具有什么特殊的意义。换句话说，花本身并不具有固定不变的意义。这种象征作用，重要的一点在于本体事物所处的“场所”，尤

[1] 品茶会的东道主，作为东道主要置办茶具、花、点心等东西。

其重要的是事物从另外某个“场所”被搬运到了现在所处的“场所”。也就是说，决定事物象征意义的是前后两个“场所”之间的关系。如果不能从一个“场所”到另一个“场所”，即如果不是“借来之物”的话，就不具有任何象征意义了。这就是日式象征作用的原则。

即使对于在现代日本住宅内部不断展开的象征作用，这项原则也同样适用。只不过拿到住宅里看，这种“借来之物”经常会遭受批判。为什么日本的住宅建筑一定要是殖民风格[1]呢？为什么殖民风格的住宅里一定要安置上几乎用不到的和室房间呢？因此如果一定要倡导这种“借来之物”，赞扬“搭配的美学”[2]，是需要相当的勇气的。现在充斥在日本住宅里的这些“借来之物”基本上是作为被批判、被否定的对象而出现的，本书也在开始的时候对“借来之物”给予了否定的评价，并以此为开端，对当今日本建筑界萎靡的现状加以批判。因此，我当时也曾想过将题目定为“拷贝住宅”或是“模仿住宅论”。不过再仔细想想，难道不是“只有日本住宅的现状，才是日式的象征

[1] 参见“清里食宿公寓派”一章。

[2] “搭配的美学”，即把原本没有什么价值的东西搭配在一起，使其具有价值的美学。本书利用了多种表现方式，但主要是以“文脉依存构造”为基准的美学。

作用生生不息、延续至今的最好证据”吗？我的想法开始产生动摇，本书的写作目的也开始倾向于将现代的住宅群，作为以场所为中心的象征主义的一个丰富的实例来描绘。再者，凭借以场所为中心的象征主义，也能够同时对“拉斯维加斯式”的西式象征主义不足的一面进行批判和完善。

如此这般的结果，就是写成了这样一本极具双重性的“教材”。有些读者会把这本“教材”看作是对堕落的现代住宅建筑的批判；有些读者会把这本“教材”看作是西式象征主义的“对比教材”；另有些读者会持中立的态度，在这两种态度之间徘徊、体味，而这种阅读方式才是最具日本特色的阅读方式，日本人无论是做事还是思考，都不会是一成不变的。

01

单身公寓派

1. 70年代的空间发明

“单身公寓”产生于20世纪70年代的日本，是特别值得一提的空间发明。它只有五六坪[1]大。在这个狭小的混凝土空间里，厕所、浴室一体化的组合式浴室，成了都市单身住宅的典型代表。这是战后日本的各种“空间事件”中，数得上的几件大事之一。这种单身公寓省去了繁琐的空间隔离，称为合理的“一室空间”。其实加起来只有五六坪的面积，从中再除去浴室和厕所，还能剩下多少可以切割的空间呢？专门为单身者设计的这种都市住宅，无论是在日本还是西欧的城市，都算不上是什么新鲜事物。在日本，早就存在足够狭小的木结构学生公寓，然而这种专供学生使用的公寓，却远不能满足单身者的生活需求。有的房间里没有内部浴室，有的没有内部厕所。单看这点就足以明了——单身者各自的生活需求，已经超出了各自房间内

[1] 1坪大概为3.306平方米。［译者注］

部所能提供的服务限度。但单凭厕所内置还是外设，来断定住宿条件的好坏，只不过是现代的一种偏见。其实学生公寓是为了使狭小的空间不至于太憋闷，而特意将厕所设在了外面。尤其是，由于建筑结构都是木制的，而木制的墙壁隔离性能很差，因此无论声音还是空气，都能在墙壁两边自由穿梭。虽然现代的建筑设计学对这种房间总是给予否定评价，但是木制房屋因其固有的物理特性，而能够使住户摆脱闭塞的感觉。这样，即使是在狭小的空间里也能过着舒爽的生活了。

“单身公寓”的情况是怎样的呢？如果是单身公寓，则无论是厕所、浴室，甚至是小型的厨房都会被塞进这个小空间里，于是个人的生活被局限在这样的组合体中了。建筑物的主体构造是混凝土，房间的上下左右都是混凝土，就连走廊的通道也被隔音铁门给隔断了，这样就完完全全地成了一个“密室”。纽约也有专门提供给单身者用的都市住宅，被称作“studio”，也是具备浴室、厕所、厨房的“混凝土匣子”，只不过大小与日本的“单身公寓”不同。而住怎样的房子与单身者的

“单身公寓派”简介表

思想体系	迟滞时期 · 实利主义
派别分类来源	电视广告、信息杂志［《POPEYE》《HOTDOG》］
参考建筑样式	后现代、高科技、民俗、美式涂鸦
地址	涩谷区神宫前从原宿车站步行10分钟
居住情况	单身公寓，月租85,000日元
家庭构成	本人［女］，19岁，私立女子大学一年级，单身 父亲，51岁 母亲，48岁 弟弟，17岁 父母和弟弟在九州，父亲是制铁厂的营业部长
楼地板面积	6.2坪
主体结构	主体构造：钢筋混凝土 外部装修：镶瓷砖 内部装潢：地板 尼龙地毯［炭灰色］ 墙壁 乙烯布［白色无花纹］ 天花板 同上
建筑成本	52万日元／坪

钱多钱少并无关系。例如在纽约，没钱的单身汉可以去找另一个单身汉合租一间房，这是件极为普遍的事，只不过找不到像日本“单身公寓”那样大小的“密室”。这与薪水、房子的租金等金钱问题无关，而纯粹是对空间的意识不同的问题。那么70年代的日本为什么会有这样的空间发明呢？

2. 旅店空间模型

从来没有完全独创的空间发明。一般都是有一个现有的空间模型，我们将它的用途改变一下，就称之为空间发明了。例如，人们以罗马的大浴场为原型发明了近代大规模的驿馆空间。“单身公寓”的原型则是旅馆的客房，而且是商务旅馆的单间。进门后先是狭窄的过道，过道一旁设有浴室、厕所一体化的组合浴室，过道的尽头是一间六叠[1]大小的房间［single room］。这与商务旅馆的单间设计几乎是一样的。更有意思的是，“单身公寓”的空间并不仅仅是以旅馆客房为原型，它

[1] “叠”是日本用来衡量房间大小的单位，六叠就是六块榻榻米那么大的面积。［译者注］

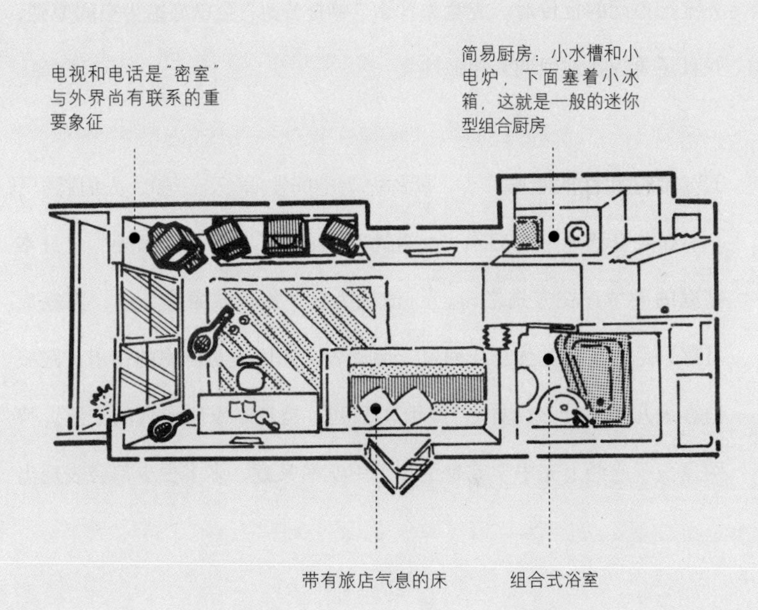
电视和电话是"密室"与外界尚有联系的重要象征
简易厨房：小水槽和小电炉，下面塞着小冰箱，这就是一般的迷你型组合厨房
带有旅店气息的床
组合式浴室

还以各种方式突出强调其与旅馆客房的相似之处。比如对组合浴室的强调。组合浴室[1]在日本就是旅馆的暗喻[2]。特别是，将用广角镜头拍摄出来的凹版图片尽量放大后看到的“单身公寓”的室内情景，基本就像旅馆里的单人间一样，首先是一张床突现在眼前，然后床上坐一个年轻女孩。“单身公寓”的宣传单稍微改几个字，就能变成商务旅馆单间的宣传册。究竟为什么“单身公寓”会以旅馆为空间原型，并且还要固执地强调其相似性呢？

3. 旅行和性的暗喻

在此有这么一个启示，小此木启吾指出，“旅馆式家庭”是日本家庭的典型存在方式之一。[3]他认为在“旅馆式家庭”里，家庭成员都只是为了睡觉休息才回家，因此各个家庭成员卧室的作用，跟旅馆客房几乎没什么两样。“旅馆式家庭”是日本家庭形式的主流。特别是孩子已经上完中学或是正在上中学的家庭，多多少少都会表现出

---

[1] 全世界只有在日本，组合浴室才会如此普及。这是由多方面的原因促成的，其中之一是因为在日本，浴室整体的防水性能是必需的，但西方的沐浴方式决定了其浴室整体的防水性能并不是那么重要。

[2] 暗喻：一般是指以相似性为基础的比喻，不同于以“接近性”为基础的“换喻”。虽然是明喻的缩略形式，但与明喻也有区别。例如，“我家就像旅馆一样”是明喻，而“我的家是旅馆”就是暗喻了。空间的比喻之所以被称为暗喻而不是明喻，是因为明喻要

一些“旅馆式家庭”的特征。可以推测，在这样的家庭中长大的孩子，独立以后也还是会选择像旅馆客房一样的住所。

因为已经不再跟父母住在一起了，所以他们的独立是既成事实。但为什么独立了以后也还是要闷在像旅馆客房一样的空间里呢？仅凭小此木启吾的“旅馆式家庭”理论是无法对此做出解释的。因为小此木启吾只是解释说，他们是为了要与家庭分隔开来，才会选择在像旅馆客房一样的空间里。其实对住在“单身公寓”里的人们来说，已经没必要刻意去躲开家人了。那么究竟是什么将他们引向“旅馆”呢？对他们来说，旅馆有着以下两种象征意义，也可以说是以下两种事物的暗喻：其一是旅行，其二是性爱。

旅馆基本上可以说是属于旅人的地方。旅人没有固定的居所，总是在流浪，旅馆就是专为他们而设的临时的 [temporary] 停留场所。对现代都市中的单身者来说，理想的生活状态不是安定下来，而是要处在不断的变化中。真实的人生也许是从婚姻开始的，也许是从就

求读的人明白其喻义，而暗喻则对此并不强求。用空间作比的时候，通常是不强求对方［进入到这个空间里的人］理解其喻义的。至于商业化的空间则有时会使用明喻，比如将爱人旅馆建成客船的模样，或是将饭店装饰成波利尼西亚的民居。本书所要说明的对象则是空间的暗喻。譬如美术馆的上面建上高级住宅［为了吸引人们的注意，纽约现代美术馆的上面的确就建了分售的公寓］就是用了“换喻”［以接近性为基础］的技法。

[3] 小此木启吾，《家不成家的时代》，ABC 出版社，1983 年。

职开始的，但无论怎样总是会开始的。到那时，自己就会因各种原因而不得不安定下来了。但是在这之前，在这段所谓的“迟滞时期”[moratorium][1]里，不是想拼命努力，而是想就这么游荡着。这就是他们的理想。所以说，他们会选择旅馆一样的空间的原因之一，就是因为喜欢旅馆特有的那种旅行中的感觉的象征作用。除了旅行，旅馆同时还是性的象征。在电视剧中，一对男女消失在旅馆里的镜头就足以证明这样的象征意义了。如果说游荡是都市里的单身生活者理想的状态，那么性则是他们最关心的事。因此，旅馆就有了明显的双重象征意义，即游荡和性的暗示象征意义[connotative][2]。“单身公寓”在非常短的时间内就被接受，且在建筑界站稳了脚跟。之所以会这样，是因为它利用“旅馆”这个空间模型，成功地满足了都市单身生活者对空间的理想和欲望，而且正是因为有这样的象征作用，这样狭小的混凝土密室空间，才总算可以作为人们的住所而存在了。旅行其实意味着空间的拓展，而性则意味着与他人的交流。这两者兼具的作用，

[1] 原本是指在紧急情况下，根据法律可以延期支付的期间。而在社会心理学中则指的是，在青年时期，尽管身体、智力、性征都已经发育成熟，但还不具备踏入社会所需要的责任感，无法承担该承担的义务。这种状态就被称为〝迟滞时期〞。

[2] 意为暗示性的、示意性的。与西方的象征作用相比，日本文化中的象征作用具有更强的暗示性。这种暗示性的象征作用的典型代表就是日语的单词和句子。一个单词，或是一句话能同时代表几种意思，这是日语的显著特点。

"单身公寓派"表面特征表

	特色语言	表面特征的媒介	语言的象征
表层 [外观的特点]	镶瓷砖[正方形、白色的瓷砖]的四方匣子	几何学	都市性
用途安排 [设计上的]	工作空间[招待朋友的空间]和私人空间[个人的卧室]一体化		没有给不同的自我划定明确的界线
空间 [有特色的房间]	单间	单间	旅行[在城市中的游荡状态]、性
内部设施 [有特点的小东西]	床	旅馆的单人房	性、旅行
	多功能电话 电视机		与外部世界[都市]的衔接
	网球拍 滑板		旅行、性
动作姿态 [行为特征]	开着电视 跟朋友聊天		与城市衔接和脱离城市的束缚[即"开着电视"(与城市衔接)却"不看电视"(逃开城市的约束)]的双重象征意义

就是使居住者能够打开“意识的通风口”。物理意义上的密室空间也随着“意识的通风口”的打开而得到了解放。“单身公寓”的居住者，在现实中是不是个旅人，或者有没有在这个密室空间里做过爱，这并不重要。重要的是，只要能使他们产生这种联想，“单身公寓”就不再是一个密闭的空间，因为他们的意识已经得到了自由。这就是象征作用的力量所在。

4. 床·电话·电视机

“单身公寓”的室内陈设，也大体仿照旅馆的空间原型。基本设施有床、电话、电视机和简易桌。床是性的重要象征本体，而且视觉上也占了很大空间，因此床的摆放位置和设计构思［不只是床体，还包括床罩］需要给予相当的重视。即使是为了节约空间，也不能不用床而只用铺盖被褥，因为这会破坏了好不容易营造出来的旅馆气氛。

除了床以外，电话也担任着重要的角色。搬进“单身公寓”后首先要做什么呢？据统计，对大多数人来说，首先要做的头等大事就是安装电话。这是件比水电煤气都要重要的事。之所以会这样，是因为只有电话才能使“密室”与外面的世界相通。当然电话的功能也是有分级的，有高级功能的电话象征着更多的与外部世界联系的可能性。现在留言电话已经不足为奇了，因为在“单身公寓”中，电话并没有太大的实用性，它是否能够发挥实际的用处也并不重要。“单身公寓”中设置的电话只是与外界尚有联系的象征，是用来安慰居住者的。所以，“密室”的闭塞感越强烈，对电话功能的要求也就越高。

电视的作用也不逊于电话。田中康夫曾说，“单身公寓”居住者的行为特征之一就是开着电视跟朋友聊天。因为他们觉得如果不开着电视，就没有情绪，这是因为电视与电话一样意味着与外部世界的衔接。

他们一直开着电视，并不是想从中获得任何信息。被混凝土墙壁和铝合金窗框包围的密室中打开的电视机，与没有隔音功能的木制隔板和没有密封功能的木制窗框起着同样的作用，那就是使“密室”能与外部世界有所联系。

5．球拍和滑板

一般没有放置在旅馆客房里的东西也不会出现在“单身公寓”里，而唯独网球拍和滑板能够堂而皇之地待在房间里。理由之一是因为这两样东西都是有钱和有教养的象征，但这不是唯一的理由。仅因如此的话，除了这两样以外，其他还有许多东西都有这样的象征作用。选择这两样东西另外一个重要的理由，是它们都与旅馆客房的空间有着同样的作用，即无论网球拍还是滑板都是旅行［游荡］和性的象征。与慢跑和跳绳不同，网球拍和滑板都是不能在住所附近使用的。滑板自不必说，网球一般都会有网球集训，集训就要有山中湖、轻井泽、清里等集训场所，这些野外的集训场所又不免让人联想到旅游。另一方面，网球和滑板都是少有的男女可以共同参与的运动项目［像足球、篮

[1] 所谓的“生活臭”就是在通风条件较差的屋子里生活太久之后，屋内因空气流通不畅而产生的不好的味道。［译者注］

[2] 因为“生活臭”是在房间里待久了才产生的味道。［译者注］

球之类的多数运动都是男女分开参加的]，玩的时候，男女可以一同享受运动的乐趣。由此可以看出网球和滑板也同样是性的象征。综上所述，“单身公寓”里装饰着球拍和滑板也就不足为奇了。

6. 高科技·后现代的“脱臭器”

在现实中，即使是单身，仅靠前面列出的几样东西也是无法生活的。如果有洗衣机的话，可以将洗衣机藏在阳台上，眼不见为净。但其他许多的“生活必需品”就不知该怎么处理了。而这些无法妥善处理的“生活必需品”必然会带来“生活臭”[1]。一旦产生了“生活臭”就意味着旅行结束了，因此这是不祥的味道。[2] 要想除掉这种味道，就用得着“高科技设计”和“后现代设计”这两个词了。生活必需品的设计可以通过“高科技设计”[3] 和“后现代设计”[4] 来加以改进，这样就可以除掉“生活臭”了。“除臭”前的生活用品也许只是“下里巴人”，但只要稍稍做一下色彩和形态上的处理，就能够脱胎换骨，

---

[3] 以高科技为基础的一种设计手法。类似的概念还有〝低科技设计〞。〝低科技设计〞虽然也是利用了科学技术，但设计主题过于乡土化、生活化、而且采用的技术也是过去的技术。相比之下，〝高科技设计〞则相对凝练，而且更擅长用现代科技作为设计的主题。

[4] 参见〝分类的前提〞及〝建筑师派〞章节。

变成“阳春白雪”了。而且一旦被“除臭”，就同样可以堂而皇之地出现在房间里了，比如“高科技设计”的冰箱、烤面包机及“后现代设计”的吸尘器之类的东西，也能成为“单身公寓”房间里的陈设了。最重要的是这些东西都已经“脱臭”了，至于用的是哪种方式已经不是重点。也就是说，既不需要统一用“高新科技”来进行改进，也不需要统一采用孟菲斯［Memphis］[1] 风格的“后现代设计”模式。对“单身公寓”的居住者来说，“统一的美”和“一贯性的价值观”之类，任何时候都可以去实现，但“任何时候”指的是“迟滞时期”结束后的任何时候，也可以说是当自己有足够的能力脱离狭小的租赁房之后的任何时候。因为抱有这样的想法，所以无论外界怎样恶劣地抨击这些通过各种途径“脱臭”的物品缺乏统一性，他们也是满不在乎的。

7. 西武不及丸井 [2]

如果要买这些经过“脱臭”的生活用品，可以去丸井室内装饰会

[1] 1981 年组成的以米兰为活动中心的设计师团体。主要成员有埃托·索特萨斯［Ettore Sottsass］、米凯莱·德·卢基［Michele De Lucchi］等。主要发表以后现代主义为基调的 ID［industrial design］制品、家具设计等。

[2] 西武和丸井都是日本有名的百货店。［译者注］

馆。在丸井要用信用卡支付，这种支付方式是“单身公寓”的居住者可以接受的，或者可以说信用卡支付才是最适合他们的支付方式。因为他们已经习惯于在任何方面都“延迟”[即 moratorium]。而且万一他们自己无法支付，还有向父母求救的特权。因此如果将丸井和西武拿来比较，还是丸井对他们来说更有亲切感。而西武则有属于自己的概念[3]，比如像“鲜美的生活”“不可思议，我喜欢”[4]，以及“无印良品”那样的商品系列，这些其实都是一种生活的概念，或者是对生活概念的提议。而提出这些概念的目的则是为了整理杂乱无章的商品。这些概念的提出，就好像是使杂七杂八的商品堆出现了某种结构。在这种新的结构下，人会产生一种错觉，即使是已经被用过的、旧的东西也能摇身一变成为“新产品”，于是新的消费欲望便被唤起，提出这些概念的目的也就达到了。不过对“单身公寓派”来说，这些却是大麻烦。被赋予这些新概念的商品好像总是理由满满、咄咄逼人，似乎要用尽各种方法让你必须接受它们。但无论是多新的生活提议，也

[3] 本书认为〝无印良品〞所提出的〝物美价廉〞的概念与〝哈比达派〞最为合拍。

[4] 西武为了吸引顾客而提出的广告标语。［译者注］

毕竟逃不出“生活提议”的圈子，这就必然使得“单身公寓”的居住者一直厌恶、逃避的“生活”又重新出现在他们面前。而在丸井则不会发生这种事。在丸井，只有商品。“华而不实”[snob] [1] 的意大利高级家具下面藏着电饭煲，旁边还堆着印度的针织品。既没有什么“概念”，也没有什么“构造”。它们可以在“信用卡［延迟支付］原理”支配下的空间里自由徜徉。

---

[1] "snob" 原本是指俗人、庸人、伪君子。现在多指年轻人中流行的，被称作 "新俗物趣味" 的一种社会风气。表现特征是：一方面非常关注艺术、时尚，而另一方面又崇尚金钱和地位。这与本书中所描述的 "咖啡吧派" 的特征很接近。在美国，人们把沾染了这种风气的年轻人叫做 "CC"，或者更不客气地直接称他们为 "娘娘腔的雅皮士" [gay yuppie]。

02

清里食宿公寓派

1. 西式风格的私家住宅

国铁小海线[1]的别称是“露露线”[2]或“卡皮卡皮线”[3]。这条单行线平时寂寞冷清，可一旦到了夏季，每天都会跑过一趟趟满载着女高中生、女大学生和女白领的列车，乘客中的大部分都是在清里站上下的。在清里站上下车的人数，仅七、八两个月就能达到128万人，而这128万乘客中的大多数又是住在位于清里地区的75栋食宿公寓[4]里的居民。昭和五十年［1975年］的时候，日本只有100栋食宿公寓，到了昭和六十年［1985年］就超过了2500栋。在这十年间，居住人数也从15万人增加到了480万人。在这种飞速发展的新住宿建筑形态中，处于中心地位且颇具代表性的要属清里的食宿公寓群了。清里的食宿公寓群中具有相似形态、相似空间的住所，便是本章要说明的“清里食宿公寓派”了。至于“清里食宿公寓派”

---

[1] 铁道线路的名称。［译者注］

[2] 这里的〝露露〞原本是日本动画片《花仙子》里面的主人公的名字，1980年初开始成为年轻女性的流行语。［译者注］

[3] 〝卡皮卡皮〞是日语拟态词，来自动画片，年轻女性常用。此处意为〝令人神清气爽的〞。［译者注］

[4] 在欧洲各地普及的一种提供食宿的住宿设施。日本于1970年1月在群马县的草津地区建成第一栋食宿公寓，至80年代全日本共有大约2500栋。

的支持者，自然就是支持食宿公寓产业的女性及年轻毕业生们了。只要是具有像清里食宿公寓那样形态的住宅建筑，都可以被称为“清里食宿公寓派”。只是有一点必须要记住，那就是清里的食宿公寓其实并非一种独创的建筑风格。食宿公寓的风格基本上是以欧美的传统别墅［私家住宅］为原型的。有时会选择美式的殖民［colonial］风格[1]作为原型——贴着白色壁板[2]的外壁上面是人字形的屋顶[3]。有时也会模仿英国的木骨架建筑风格［half timbering］[4]，强调泛黑的木头骨架和白色的墙壁之间形成的鲜明对比。还有就是“阿尔卑斯的山中小屋”风格的建筑，配上宽敞的大屋顶及窗户下面镂刻精美的花台。可以用来参考的原型还有很多，但最基础的还是把西式风格的私家住宅作为食宿公寓的原型，也可以说“食宿公寓派”的住宅是西式私家住宅的复制品。

---

[1] “Colonial”原意是“殖民地的”。此处指美国尚未独立的16世纪到18世纪后半期流行的住宅风格，20世纪初因中产阶级的郊外住宅而复兴，被称作“殖民复兴风格”。如果要欣赏美式殖民风格的原型，那么去威廉斯堡［Williamsburg］是最合适的。威廉斯堡靠着洛克菲勒［Rockefeller］的巨额投资，几乎将18世纪的“殖民小镇”整个恢复了原貌。后面的“住宅展示派”一章中，会再次对“殖民建筑风格”进行详细评述。

[2] 指横向壁板，也称“siding”。最近有许多用石棉瓦制成，建造住宅时较多用。

[3] 在这种情况下，屋顶多使用“殖民木棉瓦”来修葺。

[4] 骨架是木制的，将砖石或者板条［泥瓦匠在未经涂抹的墙底使用的金属网］置于其间用作墙底，再用灰泥填充的混合结构的建筑样式。作为骨架的柱子、房梁、斜柱等完全暴露在外面。这种建筑样式在15世纪到16世纪的英国非常盛行。

殖民建筑风格

木骨架建筑风格

瑞士山中小屋风格

2. 断片的复制

“食宿公寓派”的人们以西式分隔的私家住宅为原型，到底想要象征什么呢？或者说，私家住宅的复制品里到底包含着怎样的意义呢？在回答这个问题之前，首先要近距离观察一下“食宿公寓派”的住宅本体，弄清楚这个“复制品”的建造程序和结构特征。这个复制品最大的特点就在于它的“断片性”，即私家住宅是不能原封不动地被拷贝过来的。既不能像瑞士山中小屋那样照搬，也不能像美国东海岸那样将“殖民风格”再现，总之，“完全照搬”在这里是行不通的。大多数情况下，或者只是屋顶的老虎窗［dormer window］[1]，或者只是外凸的窗台，又或者是门廊，只能像这样断章取义，模仿其一部分。而且这些“断片”部分与房子的整体构造并无任何关联，只是唐突地被强加进房子里去。人们也并不在乎这些片断相互之间的关联，法式的老虎窗旁边是阿尔卑斯风格的花台，门廊做成乔治风格［Georgian style］[2] 的破口山形墙［broken pediment］[3] 的样式也是可能的。各种原

[1] 安装在屋顶的窗户，有时也会简单地称为〝dormer〞。

[2] 〝乔治〞最初是一个与英国时代划分有关的概念，大约是指 1748 年到 1830 年之间的时代，于是在这个时代占主要地位的英美建筑风格就被称为〝乔治风格〞。虽然同样的〝乔治风格〞在英国和美国的感觉有点不一样，但它们都是受文艺复兴影响而形成了简单对称的结构特征，另外它们的外壁基本都是砖砌的。

[3] 顶部分裂成两部分的山形墙，乔治风格的代表主题设计之一。特别是朝向上面的天鹅头部形状的部分最具代表性，被称为〝天鹅颈〞。

型风格所持有的统一规则［syntax］[4] 已经不起作用，这些“断片”成了完全自由的了。那么这种现象是怎样发生的呢？这种“断片性”又是从哪儿来的呢？ 原因之一是“食宿公寓”这样一个媒介的存在。虽然“食宿公寓派”住宅的原型是西式的私家住宅，但对“食宿公寓派”住宅的居民来说，“食宿公寓”的风格远比作为原型的“私家住宅”风格要亲切熟悉得多。但只要去清里拜访，似乎谁都可以马上发现食宿公寓的建筑是“断片性”的，而且完全没有自己原创的样式。可以说，已经习惯了生活在清里的女性住户们的感性认识，是造成“食宿公寓派”住宅断片复制的原因之一。然而，仍有悬而未决的问题：最初清里的食宿公寓群本身为什么会是那样的“断片”组合体呢？ 也许她们［“食宿公寓派”住宅的居民］所选择的住宅的建设过程本身，就是产生“断片性”的原因。“食宿公寓派”的住宅多数情况下是由街区的木工建成的，专业的设计师并未参与进来。她们觉察到专业设计师［建筑师］的审美标准与她们自己的审美标准是对立的。更何况，她们

---

[4]　单词组成句子时的固定规则，另外还指文法论的一个研究领域，即统辞法。

也不会选择工业化住宅[1]中的以私家住宅作为空间原型的建筑。因为她们在家里所拥有的浪漫气氛，是远远凌驾于展示场住宅所表现出来的整齐划一的浪漫的。无论展示场住宅怎样巧妙地模仿私家住宅，“总觉得好像有什么地方不太对劲儿”“这跟我自己头脑中所描绘的家好像有些出入”——女士们还是会这样想。[2]而这样想的结果就是她们选择了一条最难走的路。女士们和街区的木工原本就如同水和油一般，秉性完全不同。这样不同秉性的双方开始进行充满困难和误解的共同作业，所以说这是一条最难走的路。她们小心保存的“私家住宅”的照片[3]作为她们传达要求的资料被送去木工大叔那里。“门口要这样才好，屋顶要是这种风格的，我比较喜欢这样的室内装饰，这样是不是有点做过了，如果能显得更雅致一些……”她们的要求就像这样以无数的“断片”的形式传达给木工大叔。这些各种各样的“断片”被硬塞进木工大叔平时建造住宅常用的一套规则里，其结果自然就会带有明显的“断片性”，而且“断片”与“断片”之间还会有不

[1] 本书中将这样的住宅建筑称为〝住宅展示场派〞。

[2] 工业化住宅如果要以〝私家住宅〞作为原型，并不见得就能忠实于原型。关于这点，在〝住宅展示派〞的介绍中也提到过。而相比之下，〝食宿公寓派〞则完全是首尾相合的模仿。

[3] 规定〝食宿公寓派〞风格的媒体，即《non－no》《MORE》等杂志。

“清里食宿公寓派”简介表

思想体系	浪漫主义［romanticism］
派别分类来源	《NON－NO》《ViVi》《MORE》《with》
参考建筑样式	殖民风格、木骨架建筑风格、瑞士山中小屋风格
地址	从东武伊势崎线北越谷站步行5分钟
居住情况	连同地皮买下的独门独院
家庭构成	丈夫，34岁，在某机械工厂研究所就职 妻子，27岁，全职太太。她的父亲经营一家医院，是这所房子的“投资者” 女儿，1岁
占地面积	38坪
楼地板面积	25.2坪
主体结构	主体构造：木结构 外部装修：灰浆喷涂 内部装潢：地板　橡木，一部分铺设印度制造的长绒地毯 墙壁　米松硬木壁板 天花板　乙烯布
建筑成本	50万日元／坪

和谐的音符。因此，形态和空间的决定过程即是“食宿公寓派”住宅的“断片性”产生的原因。 然而,这并不是全部的原因。“食宿公寓派”住宅的“断片性”产生的更深层次的原因，来自于日本独有的文脉依存性的、以场所为中心的象征作用。[1] 如果原因是出自文脉依存性的象征作用，就没有必要用唯一的标准来统一所有的成分。比如，用“阿尔卑斯的山中小屋”风格来统一标准，那么像日本那样由文脉依存的象征作用占支配地位的情况下，就会给人以“太过”“太腻”“太乏味”的印象。所以其实只需插入“断片”就会起到充分的象征作用，譬如说，只加入阿尔卑斯风格的花台就已经足够了。在茶道的世界里，有一种叫做“唐物”[2] 的“点前”[3]。唐物原本指的是中国的东西，名为唐物的点前是地位较高的点前。因为在茶道的世界里，基本原则之一就是对中国文化——唐物——的崇拜。而唐物点前需要的则只是中国文化的一个“断片”，也就是说只需中国的茶具[4] 便足够了。只要使用中国的茶具，那么整个点茶过程就都可以被称为“唐物”了，而且这

[1] 参见“分类的前提”一章。

[2] 原意是舶来品，指从中国或其他国家流传到日本的东西。[译者注]

[3] 日本茶道中，点茶［沏抹茶］的做法称为“点前”。简单说来，就是点茶的风格。根据点茶时用具的不同而分成了集中不同形式的“点前”。

[4] 放入抹茶的器具。以前擅长茶道的人是非常珍视茶具的，战国时代有个将军甚至认为一套茶具可以抵一座城池。

种点茶方式的地位也会因此而得到提升。不管是“场所”还是“文脉”，都是已经存在的，在其中加入任何新“秩序”都毫无意义。真正必要的其实只是在其中加入一些“断片”。支撑“食宿公寓派”的也是一种崇拜，一种对西洋文化的崇拜。而且同茶道一样，这种崇拜的实现也仅仅是借助于“断片”来实现的。“食宿公寓派”住宅的杂乱无章可以看作是日本以场所为中心的象征作用的产物。表面看上去杂乱的组合，其实正是因为里面夹杂着我们自己的感觉，西式象征作用和日式象征作用。这些不同的“场所”混杂在一起，才造就了这样的“食宿公寓派”风格。

3．家族团结的象征

“食宿公寓派”住宅的特征是靠什么样的“断片”来表现的呢？这些“断片”在整个建筑当中又各自代表什么意义呢？

从“食宿公寓派”建筑的外观上看，最显眼的就是倾斜度较大的屋顶。一般屋顶的作用，是区分覆盖在其下面的空间和房子的其他部分空间。通常屋顶的倾斜度越大，这种区分作用就越明显，被覆盖的空间也就越能体现出一种很强的向心力。[1] 相反，屋顶的倾斜度越小，这种向心力也就越弱，但同时延向周围的发散性就突显出来了。“食宿公寓派”这种倾斜度较大的屋顶，实际上象征了家庭的向心力和家庭成员的团结一致。尤其是屋顶上经常能看到的老虎窗，就是在提醒人们注意屋顶的存在。像这样“同在一片屋檐下”，整个家庭的团结也就体现出来了。

从外观到整体，与作为原型的私家住宅相比较而言，“食宿公寓派”的装饰性才是关键。而唯一的例外只有玄关部分：门、门框，还有安装在玄关的照明设施、门牌等。住户倾注在这些部分上面的精力和热情比其他任何部分都要多。为了回应这份热情，建材工厂也会特意准备好高级门板的成品目录。为什么唯独对玄关周围的装饰如此上心呢？这是因为玄关相当于一个区别家人和外人的“过滤器”，而这个过滤器的作用就是使家人的利益免受他人侵害、守卫整个家庭的团结，这同时表现出了居住者想要保护家人、保持家庭内部安定团结的坚定信念。

[1] 尖房顶越往上越向中心聚集的形态特征。［译者注］

「清里食宿公寓派」住宅平面图

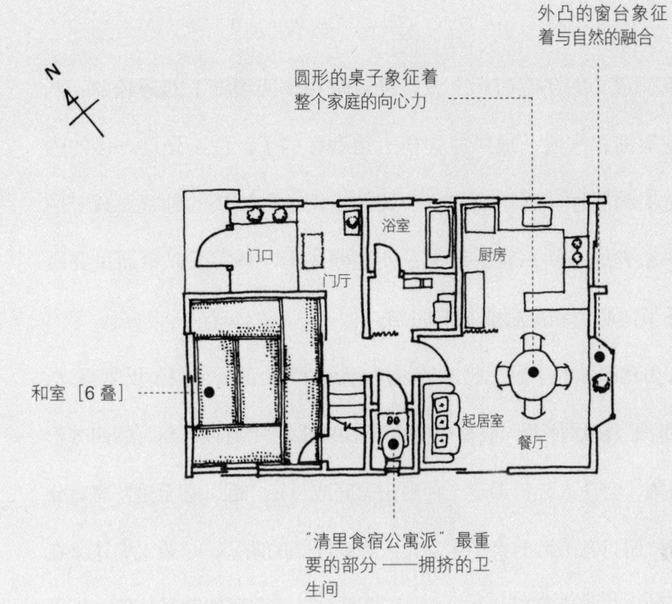

"清里食宿公寓派"最重要的部分——拥挤的卫生间

一层平面图

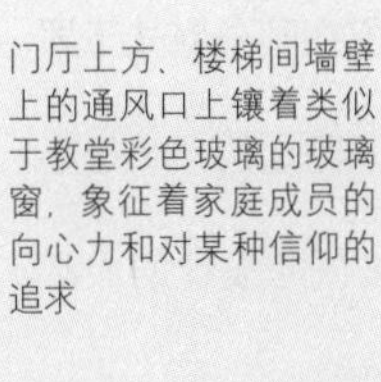

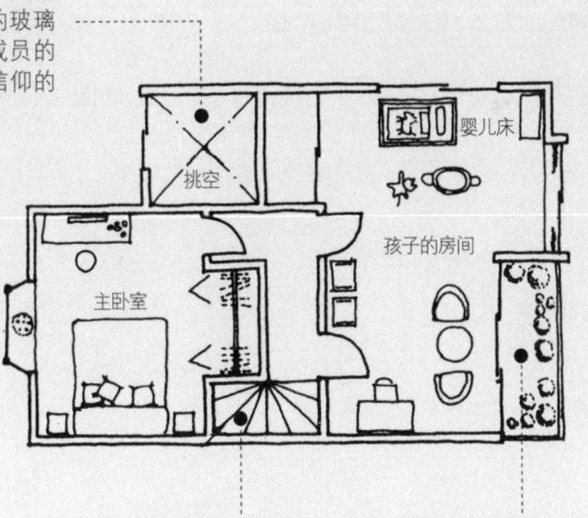

螺旋状的楼梯是向心力的标志，因此也是"清里食宿公寓派"常用的手法

阳台上的植物象征着与自然的融合

二层平面图

其他有象征意义的还有门厅上方，也就是楼梯间墙壁上的通风井。从整体的建筑面积来看，通风井称得上是奢侈的了。但正是这奢侈的通风井将一层的餐厅、起居室——公共的空间，与二楼的卧室、孩子的房间——私人的空间，联系起来，使它们成为一体。所以说通风井也同样象征了向心力和家庭成员的团结。

向心力和团结的主题思想，通过住宅内的各个部分得到了反复强调。“食宿公寓派”的居住者一般喜好使用圆形的餐桌。“有棱有角”的四方形桌子的棱角，会让人觉得那是一种阻止家庭成员在一起，甚至是使家庭分裂的象征。而只有圆形的桌子才会让人想到团结的象征。一般人们还会在圆形桌子的上方挂上吊灯［pendant］。如果只是考虑到照明效果，那么除了吊灯以外，也还有很多其他的解决方法。但“食宿公寓派”追求的不仅仅是在桌子上方安装单纯为了照明的照明设施，家人能团聚在同一束光下才是最重要的事情。为了达到此目的，给这“一束光”赋予固定的形状是必要的，这就是为什么吊灯会如此受欢迎了。[1] 凡是做过住宅设计的人都

[1] 吊灯打下来的光就是呈束状的。［译者注］

会明白日本的家庭主妇们［不仅限“食宿公寓派”的居住者］有多喜欢吊灯。

“食宿公寓派”住宅内，室内装饰最有特色的空间大概要属卫生间了。在卫生间这个封闭的密室中，能够代表小姐、太太们［食宿公寓派］喜好的温柔、甜美、可爱的小东西，简直多得快要放不下了，俨然是个拥挤的别样世界。厕所里的棕垫上面摆着厕所专用拖鞋，马桶座上有座套、马桶盖上也套着套子，毛巾挂钩、毛巾、芳香药品箱，门把手上面有把手套，房间尽头的墙壁上还有装饰画……这些就是喜好温柔、甜美、可爱的物品的结果。这些多得几乎过剩的“符号”的泛滥代表了什么意义呢？这正符合埃德蒙·利奇［Edmund Leach］[2] 所说的——象征作用在边界领域的展开。他认为人类总是将污秽和混乱排除在秩序之外，而且通过在秩序内部与外部的临界领域展开各种象征作用，来守护秩序。“食宿公寓派”的居住者对于污秽和混乱尤其敏感，他们保护家庭内部的团结和秩序免受侵扰的意念也非常强烈。所以，在内部与污秽、混乱的外部的临界领域——玄关和卫生间才会有如此集中的、其他派别不曾有过的高密度象征作用的展开。

---

[2] 埃德蒙·利奇［1910—1989］：社会人类学家，曾任剑桥大学国王学院［King's college］院长。

4. 逃往自然

如果逐个探讨分散在“食宿公寓派”住宅里的“断片”，就会明白每个“断片”都是为了强调家庭成员的向心力和家庭的团结而选择的配置。象征着“食宿公寓派”住家整体的就是西式的私家住宅，私家住宅本身就代表着家庭，是家庭团结的象征。各个“断片”只是将这种私家住宅的印象强调、夸张了一下。“食宿公寓派”意义最深的地方在于，它不仅是象征了家庭［私家住宅］，同时还象征着旅行，这也是事实。“食宿公寓派”的建筑师们不是直接就知道“西式私家住宅”的，而是一直通过模仿食宿公寓来体验“西式私家住宅”空间的。所以说，将私家住宅作为原型的同时，也是在把食宿公寓当成原型，而食宿公寓这个原型其实就象征了旅行。食宿公寓原本就是一种住宿设施，是高原上舒适整洁的小屋，是可以用来摆脱父母束缚的场所。女士们可以从食宿公寓想到旅行，看到摆脱束缚的希望。在这种情况下，食宿公寓的象征作用跟“单身公寓派”的旅馆的象征作用是一样的。在这层意义上，“食宿公寓派”与“单身公寓派”在本质上是有联系的。如果说两方的“旅行”有所不同的话，那就是一方的旅行指的是在都市里游荡、彷徨的旅行，另一方则是为了逃避都市的旅行。

从都市中逃跑的愿望可以从“食宿公寓派”住宅里的各个部分得到体现。他们会极力避免硬质的都市建材，比如木制的窗框比铝合金的窗框更适合“食宿公寓派”住宅的窗子。就算是迫不得已用了铝合金的窗框，也不会用银色的防蚀铝，而是会用一种漆成茶色［与木头的颜色相近］的铝制窗框。充分利用植物也是“食宿公寓派”的特征。露台、封闭阳台，甚至是卫生间，都摆放着植物。这样就起到了强调“自然”，同时排除“都市”的作用。

5. 双重束缚的空间化

“单身公寓派”的居住者向往的旅行，是在都市中无休止的游荡［即永远停留在“迟滞时期”］，单身公寓将他们的这种向往空间化了；而“食宿公寓派”住宅则是已经度过迟滞时期的人们的住宅，是因婚姻被打上休止符的迟滞时期之后的住宅，也是游荡生活结束后的住宅。当然，“食宿公寓派”的主旋律是代替了迟滞时期单身生活的家庭生活，是代替了游荡生活的定居生活，是代替了发散性的向心性。这种主旋律是以西式的私家住宅作为象征的中心，并通过各种“断片”对“私家住宅”的种种暗喻进行强化，最后才被提出来的。需要记住的一点是：在这个主旋律里，还存在着与其正好相反的旋律，那就是“旅行”的暗喻。它恰好是定居的对立面，是被逃往自然的愿望所支配的。而唯独“食宿公寓派”住宅可以包容这种“支持”，并且占据日本的郊区。这其中的秘密就在于：定居和旅行是相互矛盾的，通过同一所住宅来象征这对矛盾体，这本身就是一个难题。但“食宿公寓派”住宅却以“食宿公寓”为媒介，巧妙地解决了这个难题。解决这个难题［aporia］[1]以后，“食宿公寓派”住宅就成功地占据了日本的郊区。而日本的传统住宅只能象征“私家住宅”的意义，却不能够象征“旅行”的意义。

---

[1] 在亚里士多德哲学中，指的是对于同一个问题出现了两种同时成立但完全相反的回答。常用的意思是“无法解决的难题”“死胡同”。

“清里食宿公寓派”表面特征表

	特色语言	表面特征的媒介	语言的象征
表层 [外观的特点]	西式私家住宅的“断片”	西式私家住宅	家庭
		食宿公寓	旅行、逃避都市
	倾斜度较大的屋顶，门口的装饰		家庭成员的团结和排外性
	放置在花台、阳台等处的植物		与自然的共存，逃避都市
用途安排 [设计上的]	靠通风口联系在一起的公共空间［一层］和私人空间［二层］		家庭成员的团结
空间 [有特色的房间]	被装饰掩埋的卫生间		对污秽、混乱的拒绝，家庭成员的团结
	通风口		家庭成员的团结
内部设施 [有特点的小东西]	木制的垂饰 圆形的餐桌		家庭成员的团结
动作姿态 [行为特征]	夫妇一起在圆形餐桌前用餐		对家庭内部团结的确认

为什么要同时象征“定居”和“旅行”呢？首先要考虑的是存在于“食宿公寓派”年轻夫妇思想本质里的迟滞时期留下的痕迹。一旦成了家，对新家庭就会抱有不同寻常的幻想和希望。然而同时，对于已经有了家庭、定居下来的事实，也存在着强烈的抵抗和不安。能将这种双重束缚的状态巧妙地空间化的，只有“食宿公寓派”的住宅空间。这种双重束缚在女性身上体现得更为明显。对于女性来说，一方面对新的家庭充满希望和憧憬，另一方面又会因为从此要扔掉网球拍，从事家务劳动，成为背后工作者［shadow worker］[1]被埋没在家庭里，而感到强烈的不安。对她们来说，日本传统的私家住宅无法让人联想到旅行，只能象征腻烦的定居生活。而握有“食宿公寓派”住宅的设计和建筑主导权的一定是女性。所以女士们的这种双重束缚状态会引导“食宿公寓派”住宅的设计和建筑方向。用一个不再流行的比喻来说，作为“食宿公寓派”产生契机的双重束缚状态，与日本人传统的住宅观是相同的。比如江户的大名宅邸、武家宅邸，这些武士的宅邸虽然已

[1] 没有金钱报酬的劳动被称为“背后的工作”［shadow work］，因为家务劳动就是典型的“背后的工作”，所以家庭主妇就成了典型的“背后工作者”了。

经建在了都市的中心，但却避免面向大路去夸示自己，只是隐身于篱笆和庭院的深处，这是为什么呢？在欧洲的都市，原则上，贵族都会积极参与都会的所有活动，宅邸也会面向着广场或者大路，修建得气派十足。而在江户,大名宅邸和武家宅邸的基本原则却是恰好相反的。这是因为在日本独有的都市住宅形态里面，包含着日本人独特的双重意义的住宅观。持有这种住宅观，一方面会向都市靠拢，另一方面又会想要逃向自然。倾向于都市的一面同时也意味着对现实世界的渴望，而逃向自然的一面又显示出对现实世界拒绝和蔑视的感情倾向。道理上，这样的矛盾体是绝不会共存的，然而江户的都市和日本的都市住宅，却提供了使它们能够共存的空间。地处都市的中心却又面向自然的居住形态，无论是在明治时期，还是在战后的今天，都是日本都市住宅的基础之所在。而且，正是这对矛盾成为了日本文学中描述都市与住宅的各种文章的主题。而在“食宿公寓派”住宅里，也会不时地流露出围绕着都市与自然的辩证关系而造成的紧张气氛。

03

咖啡吧派

1．排除了共同体的酒吧

“单身公寓”于20世纪70年代的日本，是值得大肆宣扬的一项空间发明；同样，“咖啡吧”也是诞生于70年代的一种新的空间形态。咖啡吧是日本传统居酒屋的一种新形态，发源于东京涩谷、青山、六本木附近地区，转瞬便发展到了整个东京，甚至蔓延到全日本。结果，咖啡吧在东京，成了“土气”“庸俗”的同类语。但其实，这倒不如说是咖啡吧成功的证明。任何事物，只有当出现了针对它的反对意见和批判论调的时候，才能表明它已经成功，并且已经得到广泛的传播了。

咖啡吧成功的秘诀是什么呢？其一是咖啡吧持有的理念与如今的俱乐部、小饭馆、K歌吧都不同。那儿没有女人［女公关、小姐］在旁边缠着你，当然也没有陪酒女。像这些有关性或性暗示的服务，那儿是不会提供的。所以由那些服务滋生出的、与性有关的人际关系也就不存在了。另外，像车站旁边的小饭馆里，店主人［老板］与新客人或住在附近的熟客之间产生的那种带有共同体性质的人际关系，在咖啡吧里也是看不到的。还有，像在K歌吧里那样，同属一个企业的同事们边饮酒唱歌，边借此来确认彼此之间根深蒂固的共同体关系，并对其进一步强化的这种人际，也绝不会存在于咖啡吧中。咖啡吧的理念，是将一切共同体性质的人际关系都排除在外。而俱乐部、小饭馆、K歌吧的理念是恰好相反的，它们是借助酒力来强化、促进共同体性质的人际关系的。在日本社会里，酒精从来都是共同体性质的人际关系的暗喻。从前的酒吧都是最大限度地活用这个暗喻，并对其有效性进行再次确认的场所。但咖啡吧却是个异端。咖啡吧的空间，是为了将共同体的暗喻从酒精中剔除掉而设的空间。咖啡吧的客人都会带着喝茶、喝咖啡般的感觉喝酒。因此，像下班归来的女白领们，以及有着正当关系的大学生情侣，这些与传统酒吧几乎无缘的人，即使是以新面孔[1]出现在咖啡吧里，喝酒的时候也不会有任何生疏的感觉。

2. 为了审视自我而去的酒吧

在此有个疑问：人们为什么需要咖啡吧？既不是为了去那里寻求性关系，也不期待在那里可以确认、巩固共同体性质的人际关系，而且那里也不是供应特色美食的地方，那究竟为什么人们会喜欢去咖啡吧呢？这是因为在那儿他们能够审视自我。虽说是“审视自我”，但又并非与内省、自我剖析这些沉闷的东西同一性质，也不是单纯来享受咖啡吧的情调和空间。他们不是来享受这里的空间的，而是沉浸到这个空间里，陶醉于欣赏自身的姿态。这大概称得上是极为自恋的空间享乐方式了。而在进行这种空间享乐时，问题首先来自于穿着。因为，自己的穿着打扮是要去的那个空间的主要构成因素之一，所以，人们要求自己的穿戴要得体。如果是携女伴同去，那

---

[1] 不是熟客，第一次光顾的客人。

位女伴也必然要有相宜的姿容配上时尚的着装。他们自己身着巴巴斯［BARBAS］[1] 的西装，倚在卡西纳［Cassina］[2] 的椅子上，手持一杯“巴黎水”［perrier］[3]，随声附和着身旁平直发［one length cut］[4] 女士的趣谈。他们就是为了来欣赏这样的自己，才要造访咖啡吧的。显然并非因为这儿的“巴黎水”好喝，也不是对女伴有更深的用意。换言之，咖啡吧这个空间的基本意义，在于里面有一双眼睛。通过这双眼睛，客人能够暂时远离本身所处的位置，从别处来看自己；通过这双眼睛，他们能够审视自己的着装、动作、举止和言谈。这双眼睛会要求他们的“演技”，也会要求咖啡吧的空间成为他们可以发挥演技的最佳舞台装置。也就是说，客人希望咖啡吧的空间能够具备舞台的特性。而事实上，咖啡吧也的确与现实中用于表演的舞台装置有很多共通之处。

3．“咖啡吧”就是舞台装置

咖啡吧和舞台的第一个共通点就是，两者同属“伽蓝空间”[5]。

---

[1] 总部设在米兰的时尚品牌。与阿玛尼［Armani］一样是“娘娘腔的雅皮士”［gay yuppie］的标志性服饰之一。

[2] 意大利家具品牌。不仅包括现代意大利设计师的杰作，还经手著名建筑师——柯布西耶、麦金托什所设计的家具仿制品，一般经营价格昂贵的家具和灯具。

[3] 一种矿泉水。

因为，表演空间的基本作用，是衬托出演员的演技。因此，演员所处的空间如果太过显眼，就会抢了演员的风头，这样一来，演员的演技非但不能被突显出来，反而会被扼杀。可以突出演员演技的空间，应该像“伽蓝空间”那样不会有多余的东西，只具中性色彩。而且在这种空间里，剧情发展的设计问题，可以靠演员身边的一些小道具来随时解决。椅子、桌子，还有桌子上放着的花瓶，靠这些东西就可以巧妙、得当地设计舞台上的剧情了。而咖啡吧的基本作用也是衬托出演员［咖啡吧的客人］的演技。为达到这个目的，作为外部环境的空间就一定要尽量放低姿态。白色，而且要平坦的墙壁、天花板；或者直接将混凝土的墙面露在外面，不加粉刷。场面的设计，就是在这样的“伽蓝空间”里，摆上精挑细选出来的道具［椅子、桌子等］，使得一切布置看上去随意自然却用意颇深。

第二个共通点，是对灯光照明的重视。实际上，灯光也起了衬托演员表演的作用。一束光打的效果好坏，就能决定演员能否把角色演

---

[4] 女性发型的一种，将头发统一长度的剪法。

[5] “伽蓝空间”原本是指“佛教空间”，即修行的空间。后来发展成为一种建筑风格，指与信仰有关的建筑，或是简单的带有宗教气息的建筑空间。［译者注］

活。舞台的照明，是表演的决定性因素。同样的道理，咖啡吧的灯光，也是为了让客人的一举一动都显得生动起来。在天花板上均匀分布的天花灯[1]打出的照度全面且均匀的灯光，并不适合咖啡吧。根据照度的强弱变化来设计表演空间中的各种场景，这种“空间演出法”的照明方式，在咖啡吧里是唱主角的。因此，一定要能发出集中的、细而窄的光束，而不是四处发散的光面，这才是“咖啡吧”需要的基本照明设施。在这样的照明设施下，一束光打向客人的桌子，黑暗中浮现出一杯巴黎水，光束经大理石桌面反射后，柔和地抚上客人的面庞，旁边的墙壁上洒下一片光晕，连不着一物的纯白的天花板上，也变得光影斑驳了。

4. 将家庭排除在外的住宅

咖啡吧的话题暂告一段落，下面的话题该转向“咖啡吧派”住宅了。“咖啡吧派”住宅是以“咖啡吧”空间为原型所建造的住宅，

[1] 镶到天花板里的小型筒状照明灯。

“咖啡吧派”简介表

思想体系	迟滞时期 · 自恋倾向
派别分类来源	《BRUTUS》《流行通信》《AXIS》
参考建筑样式	后现代主义风格、意大利现代主义风格、 装饰艺术风格 [art deco]
地址	从小田急线的代代木上原站步行7分钟
居住情况	朋友公寓的再出租 [sub rent]；因为是朋友的关系，每月房租8万日元；朋友把开放式厨房改装成了“咖啡吧派”的装饰风格
家庭构成	本人 [男]，27岁，供职于大型人寿保险公司 女朋友，并非特定的，只因不想脱离“咖啡吧派” 父亲62岁 │ 父母住在横滨， 母亲57岁 │ 当然他即使同住在那里 妹妹24岁 │ 也可以正常上下班
楼地板面积	11.6坪
主体结构	主体构造：钢筋混凝土 外部装修：碎末大理石灰浆喷涂 [注：先用上过色的灰浆，或者大理石碎末做成的灰浆涂抹，在没有完全干掉的时候，用梳齿状的金属器具将其表面刮得粗糙，然后涂上德国进口的墙壁装饰材料] 内部装潢：地板　羊毛地毯 [灰色] 墙壁　先贴石灰板，后用乳胶漆喷涂 [白色] 天花板　同上
建筑成本	房子本身不明，朋友改装成“咖啡吧派”风格时用了300万日币。当然家具是另算的，家具、照明设备由本人花160万日币从六本木的“AXIS”购得

而且支持“咖啡吧派”住宅的人群，同样是支持咖啡吧的人群，即生活有一定富余程度的都市单身者们。[1] 而他们的生活方式与“咖啡吧派”住宅空间，两者之间存在着怎样的方程式呢？

咖啡吧隶属于酒吧，但不包含与酒吧一体化的性关系、共同体性质的人际关系。这样一排除，咖啡吧就变成孤身一人的客人可以站在别处审视自我的地方了。客人可以利用这个地方展示自己的演技，并通过观看自己的演技来审视自己。专为演技的发挥而设的“伽蓝”舞台装置，就是咖啡吧的空间。而在“咖啡吧派住宅”这个主题下，共同体性质的人际关系也被排除在外了，而且这里被排除的共同体是对居住者来说最亲近的家庭共同体。他们只承认那是一所住宅，而拒绝承认那是一个家。这样逆反的调子存在于“咖啡吧派”住宅的根基里。被拒绝承认的家庭也分两种：一种是自己曾经所属的父母的家；另一种是自己未来的家，那被认为是给都市单身者的优雅生活画上休止符的地方。身处过去、未来两个家庭的夹缝里，居住者就干脆把两者都

---

[1] 本书认为，“婴儿潮世代”[baby boom] 的代表住宅是“哈比达派”住宅，而稍后于他们的世代的代表住宅是“咖啡吧派”。美国的婴儿潮指的是 1946 年至 1964 年出生的庞大世代，他们生活方式的代表被称为“雅皮”[young urban professionals]。“雅皮”的代表用一句话来形容，大概就是指住在阁楼、不时散步、养秋田犬、穿拉夫劳伦 [Ralph Lauren]、蹬一双耐克往返于办公室的这群人。按照本书的分类特点，“雅皮”的存在方式还是跟“咖啡吧派”相类似的。

拒绝并排除在外。其结果，就是把独身一人的自己，置于一种舞台装置中来审视、验证。这就是“咖啡吧派”住宅的主题所在。

5. 靠演技来验证自我

在这层意义上，“咖啡吧派”成了“单身公寓派”的近亲。这两派都拒绝接受过去或未来的家庭，而且审视、验证被夹在两个家庭之间的自我的场所又都是两派各自的住宅。而两者之间起决定作用的差异，在于验证自我的方法不同。“单身公寓派”的自我验证方法，是用无数的物品[2]把自己包裹起来，然后再通过寻找合适自己的物品来验证自我；“咖啡吧派”则是通过在别处审视自己的行为、动作来验证自我，而且为了达到此目的，还要寻求“伽蓝”舞台装置那样的空间。

这两者之间的对比，简单来说，就是《POPEYE》和《BRUTUS》[3]之间的对比：《POPEYE》是“单身公寓派”的杂志，中心内容是商

---

[2] 前面“单身公寓派”一章中提到的，用来装饰房间的各种物品。［译者注］

[3] “Popeye”［大力水手］和“Brutus”［布鲁托］都是美国动画片里的人物，大力水手代表正义，布鲁托代表邪恶。但这里指的是日本杂志的名字。［译者注］

品信息；《BRUTUS》则是“咖啡吧派”的杂志，中心内容是都市单身者的理想生活方式，而且这里所指的生活方式，其实就是各种“表演”的积累罢了。

6. 外观怎样都好

“咖啡吧派”住宅没有很明显的外观特征。如果一定要说的话，那也只能是“没有任何特征”的特征。而这条特征，也同样适合作为空间原型的咖啡吧。越是一流的咖啡吧，对外展示的面貌就越需保守一些，若不小心谨慎，反而会过犹不及，因此就连店名都要低调处理。之所以要如此保守谨慎，是因为这只是被看作是一种舞台装置的外围。而“咖啡吧派”关注的重点则集中在“舞台装置”的部分——住宅的内部装饰。外观其实是可以暂时搁在一边的，现在的他们正在“舞台装置”的正中进行自我验证。等到自我验证结束，可以给自己一个明确的定位的时候，住宅的外观才开始具备发言权。

实际上，“伽蓝”风格的室内装饰是很难实现的。至少在现实的住宅里，少不了人们要用来维持生活的各种必需品。其实，“咖啡吧派”能够真正在自己住宅里度过的时间是很少的，工作日的夜生活主要在咖啡吧里度过，周末又会在网球场耗掉大半天，这种生活状态是不会有所改变的。真正待在自己住处的时间本来就少，从这仅有的时间里再挤出整理屋子的时间就更难了。因此，时间一久，那些生活必需品就必然会产生“生活臭”[1]，而这种生活臭与都市单身者的孤独的“表演”是完全对立的。那么这两者之间的矛盾该如何解决呢？生活臭对于“单身公寓派”也是一个很大的问题，针对这个问题，“单身公寓派”的解决方法是：将产生生活臭的所有物品都做“脱臭”处理。为此，他们还将高科技设计和后现代设计当作一种“脱臭”工具来使用。而“咖啡吧派”住宅还是将咖啡吧作为原型来寻求出路。咖啡吧的做法是，将“不干净”的部分隔离在客人的视线之外，这对于餐厅之类的地方来说是司空见惯的，但放

[1] 参见〝单身公寓派〞一章。[译者注]

到住宅中，却不是轻而易举就能够实现的。在住宅里，居住者小心翼翼地将生活臭集中的部分［比如厨房，或者卧室］安插到自己和客人都看不到的地方。这样一来，应当具备中性色彩的舞台装置就可以避免被生活臭所污染了，但这样做的结果又造成了非常矛盾［paradoxical］的局面。矛盾来自于“咖啡吧派”新型住宅所继承的日本住宅的传统——“净”空间和“不净”空间[1]二分法，而这种严格的空间二分法恰是“咖啡吧派”住宅的特色之处。“单身公寓派”住宅只有一个空间，“清里食宿公寓派”的女士们，会将泛滥的爱心平分给住宅里的“净”空间和“不净”空间，因为“食宿公寓派”也根本不需要来掩饰或者隔离“生活臭”，完全可以听之任之，就连“咖啡吧派”的老大——“哈比达派”，也将厨房、洗手间、储物间等“不净”空间分别改装成开放式厨房、组合式卫生间、走入式衣帽间［walk-in closet］，让它们来唱主角。

[1] 宗教用语。“净”意为神圣的、纯洁的，“不净”意为污秽的，不洁的。［译者注］

「咖啡吧派」住宅平面图——将半旧的公寓如图所示进行改装

改装前

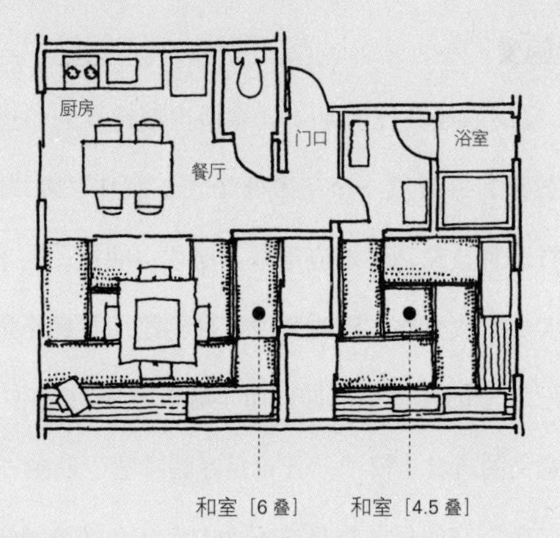

改装后

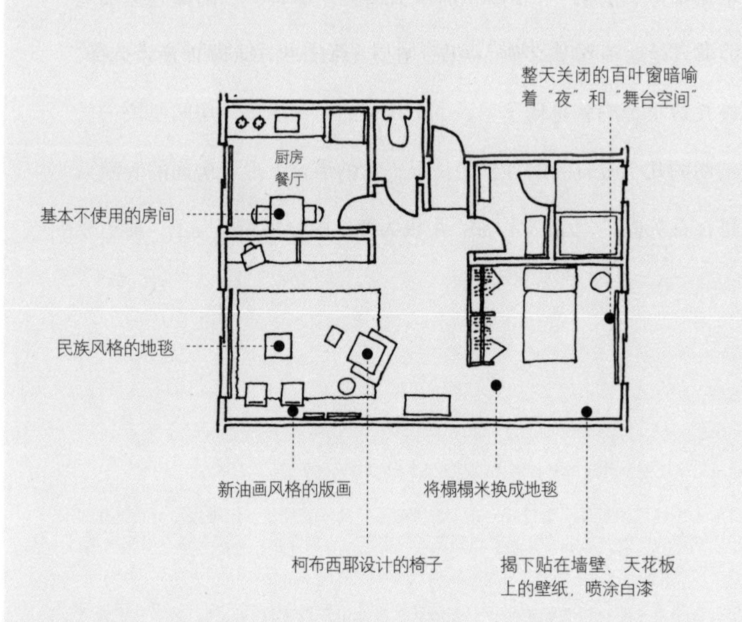

7. 对椅子的偏爱

“咖啡吧”空间的经典技法是：依靠精挑细选过的小道具和精密计算过的照明效果，来设置一个精致的场景。而且很多“咖啡吧派”的住宅，都是将这种技法巧妙地应用在了居住空间里。这不仅仅是简单的照搬。事实上，放置在“咖啡吧派”住宅里的各种小道具和照明器具同“咖啡吧”里的几乎是一样。而“咖啡吧派”住宅［在咖啡吧也是一样］里最有意义的道具是椅子。无论是在咖啡吧还是在“咖啡吧派”住宅，被置于“净”空间里的物品并不会太多：几张椅子［可以是沙发，也可以是餐桌旁的椅子］、一张桌子、音响设备、附录像机的电视机、电脑、插着干花或是“生花”[1]的大花瓶、几种照明器具[2]、有时还会加上宠物。就只是这种程度的物品摆放。在这些物品当中，最需谨慎选择，且往往耗费重金的就是椅子了。二十几岁的公司职员，房间里放一张卡西纳制的几十万日元的沙发是件很平常的事情，尽管房间的装潢只不过是在石灰板[3]上喷涂白漆，用极为廉价的材料简单完工。而造成

---

[1] 通过日本花道制作出的一种室内插花。［译者注］

[2] 像前面所提到的那样，重视灯光是“咖啡吧派”的一大特色。但唯独吊灯在这里是不受欢迎的，因为吊灯总让人联想到家庭的团聚，也就是说，吊灯是带有“生活臭”的照明器具。

[3] 用石膏作为主要材料的建筑用板，在所有装修板中是最常用的一种。可以在上面喷漆或者贴墙纸来进行装饰。

这种不平衡的原因是什么呢？为什么会对椅子有超乎寻常的兴趣呢？其中一个原因就是，“咖啡吧派”居住者的关注重点，在于他们自身的动作和行为。而与他们的行为动作密切相关的道具就是椅子了。舞台中央置一把椅子，表演者就围绕这把椅子，或者把它作为依靠，或者把它看作一个契机来展开表演，这是演出中常用的演技。对演出动作的关注，和对椅子的过度反应其实是直接相关的。尤其是，椅子还具备一种象征作用，会赋予坐在上面的人以与众不同的权威。比如，皇帝坐的椅子被尊称为“龙椅”，主教坐的椅子被赐予“cathedra”这样特别的称呼，并且由此引申出主教所在的大教堂的名字——cathedral [主教座圣堂]。正是被椅子的各种象征作用所吸引，才会涌现出了众多的椅子收藏家。从没听说过有桌子收藏家，但椅子收藏家却几乎随处可见。就像是事物的名字可以表现出事物的特征一样，椅子也可以表现出坐在上面的人的内涵。对自己有准确的定位且不会迷失自我、清醒而又坚定的人们，椅子对他们来说也许是可有可无的东西，但对于不能明确自身价值的“咖啡吧派”居住者来说，椅子却是可以帮他们发现自身价值、不让他们对自己产生任何错觉的重要物品。

8. 北欧不及意大利

“咖啡吧派”一般都如何选择椅子呢？首先必定要选择高价的。廉价的椅子会使得坐在上面的人也变得廉价。相反，高级的椅子象征着坐在上面的人也是高层次的人。一把动辄要几十万日元的卡西纳或是阿尔弗莱克斯［Arflex］[1]制造的椅子仍能以惊人的速度售出，也是出于这个原因。除了价格不能便宜之外，还一定要是意大利制造或者意大利风格的椅子。而卡西纳、阿尔弗莱克斯，毫无疑问是符合条件的。反之，像宜家［IKEA］、革新者［Innovator］[2]之类带有北欧风格的东西，他们是不感兴趣的。因为样式简单的原木家具会使他们联想到北欧，北欧象征着有序的福利型社会，象征着享受社会福利、生活富足的老夫妇，象征着富足却又节俭、朴素的家庭生活。

[1] 现在正流行的意大利家具名牌。

[2] 擅长使用鲜明的色彩和折叠钢管材料，以随意的现代主义风格的家具作为主打商品的瑞典家具制造商。

也就是说，北欧象征的正是被“咖啡吧派”拒之门外的家庭和定居生活。所以原则上，他们是不会接受带有北欧风格的东西的。而另一方面，意大利象征的则是不安定的社会形势、享乐的生活态度，以及“兰博基尼共产主义者”[Lamborghini Communist] [3]。“咖啡吧派”的理想状态也是如此：一方面追求富裕、享乐的生活，另一方面又是反对家庭生活和定居生活的激进 [radicalism] 主义者。如果将“兰博基尼共产主义者”身上浓重的橄榄油气味除去，再小心地注入清新的日本风，那就成了十足的“咖啡吧派”了。“咖啡吧派”对意大利及意大利产品的憧憬，正是来自于两者在精神上的相似性。

9. 过渡期的样式

“咖啡吧派”住宅的主流居住者，是单身的公司职员。由于所供职的公司无论名气还是薪水都是一流的，所以托公司的福，他们可以过上富裕的生活。但他们非但不知道感恩，归属意识还极其淡薄。

---

[3] 在这里指的是兰博基尼所代表的富裕的生活、享乐的人生态度和共产主义所代表的激进思想并存。意大利的设计师明显分为两派：″浪漫派″和″米兰派″。″米兰派″的思想背景就是共产主义，而且他们都非常富裕。

其实，在公司的庇护下，就如同在父母的庇护下一样，即使他们自己没有意识到，这点也是不争的事实。有时候，他们只是固执地不肯接受这个事实而已。在公司的工作结束后，“咖啡吧派”就会避开要同去喝酒或是K歌的同事，独自一人去咖啡吧享用一杯“巴黎水”。这就是他们想要忽略“自己是在公司庇护之下的事实”的表现。他们把家庭的气息从自己的住处一扫而光，在自己周围筑起缺乏生活感的、就像咖啡吧的舞台装置一般的空间。这同样也是他们想要忽略、忘却某个事实的表现。他们想要忘却自己仍处在父母的庇护之下，并且未来某时还会被关进自己亲自组建的家庭而无法脱身的事实。但既然是事实，就不能够永远地逃避下去。无论公司还是家庭，他们都面临着两种选择：公司方面，要么继续身陷公司这个共同体里面，要么就辞职离开；家庭方面，要么维持自己的家庭，同时接受家庭的束缚，要么到老都过着都市单身者的生活。如果选择了家庭，那么“咖啡吧派”的住宅空间就会在转瞬间被破坏。带着生活臭的

“咖啡吧派”表面特征表

	特色语言	表面特征的媒介	语言的象征
表层 [外观的特点]	不具备“发言权”的外观		外表保守，内涵丰富
用途安排 [设计上的]	公私空间的严格区别，对私人空间的轻视	咖啡吧	对家庭生活的拒绝
空间 [有特色的房间]	“伽蓝”风格的起居室	咖啡吧里的舞台空间	自我验证，自恋倾向
内部设施 [有特点的小东西]	卡西纳的椅子		充足的金钱，较高的文化程度
	落地式照明器具	舞台空间	在细小的环节上自我验证
动作姿态 [行为特征]	只是晚上回去休息		对家庭生活的拒绝

各种物品卷土重来,而且必定数量多得超出“不净”空间的容纳范围,甚至会失去节制,泛滥到住宅的各个角落。卡西纳的沙发也好,舞台般的装饰也罢,所有的一切都会被淹没在杂物堆里。尤其是等到有了孩子以后,混沌的状态会变得更加严重,连素白的墙壁上也会被涂得乱七八糟。“咖啡吧派”住宅到此算是寿终正寝了。其实,“咖啡吧派”只是人生中一个过渡期的表现形式,“咖啡吧派”住宅也只是在婚姻的“审判”来临之前,为度过短暂又空虚的迟滞时期而准备的一种住宅样式。“咖啡吧派”自己也明白,这种住宅形式不会长久地维持下去。也正因如此,他们才想要至少在这段可以维持的时期内,利用这样的空间好好享受优雅、快乐的单身生活。

04

哈比达派

1. 婴儿潮世代的住宅

“哈比达”[HABITAT]是池袋西武百货店对面的家具专卖店，与西武百货同属西武物流集团。哈比达原本是总公司设在英国的一家以“函售”为主的家具专卖店。后来，在美国以创始者“特伦斯·考伦”[Terence Conran]命名的考伦连锁店发展起来。而从函售这样的主要销售方式也能看出，哈比达家具店一定不是经营奢侈品的地方，中档价位的商品才是哈比达家具店的主流商品。虽说不是什么奢侈品，但也并非“便宜货”。如果要大致概括一下哈比达家具店里名目繁多的商品，那就是注重实用性而不讲究多余装饰的简单设计的商品。所谓的“哈比达派”就是由哈比达家具店里的商品作为主要构成因素的住宅。

“哈比达派”的主流居住者是所谓的“团块世代”，即战后的婴儿潮世代。他们的年龄大约在35岁到40岁之间，而且都已经有了稳定的家庭。不像“咖啡吧派”那样排斥家庭，也不喜欢在“舞台装置”中自我审视，他们是能够从正面接受家庭生活的。无论什么事情都能做到“从正面”接受，这就是“哈比达派”住宅居住者的特征。

换句话说，他们无论面临什么事情，都要从头开始考虑，从本质上考虑。这也是他们这个世代的性格特点。这种性格特点说得好听一点是注重逻辑性，说得不好听一点就成“好理论”了。20世纪60年代后半期的大学纷争中，他们的这种性格得到了充分的发挥。婴儿潮世代的别名又叫做“全共斗世代”[1]。从青春时代开始就爱跟人理论，这就是婴儿潮世代。“咖啡吧派”的田中康夫曾形容“哈比达派”是“任何事情都要据理力争的兄长们”。也有笑话说：“他们对于晨浴能使人心情愉快这件事，都一定要讲出一番道理来。”这种爱说理的性格特点正是他们挑选住宅的基础。

---

[1] “全共斗”是日本“全学共斗会议”的简称，是1968年至1969年的大学纷争中，由新左翼党派和无党派的学生在各自的大学里成立的组织。［译者注］

[2] 勒·柯布西耶［1887—1965］：20世纪最有影响力的建筑师，在“现代建筑［modernism］运动”中发挥了很大作用。他生于瑞士的拉绍德封，但主要在法国开展设计和理论活动。

2. 从零开始

能将“哈比达派”这种“凡事要讲理”的性格，与他们的居住形态联系在一起的，就是现代主义的概念。“现代主义”这个概念本身就是含义丰富、难以界定的。如果仅限于建筑界，那么以柯布西耶［Le Corbusier］[2]、密斯［Ludwig Miss vau der Rohe］[3]等建筑师和包豪斯［Bauhaus］学院为代表的现代建筑运动就被习惯性地称作现代主义运动。现在，随着后现代主义的兴起，现代主义建筑被评价为“枯燥乏味”“单调”“无聊”，成了“反面建筑实例”的代表。

其实，现代主义建筑就在20世纪初期还是前卫艺术，并且在第二次世界大战结束以后成为当时建筑界的主流建筑。它的那种均一的建筑风格曾一度风靡全世界。汤姆·沃尔夫［Tom Wolfe］[4]曾指出：“现代主义运动完全可以被称为‘从零开始的运动’。”他所著的《从包豪斯到我们的豪斯》［*From Bauhaus to Our House*］一书，主要内容是对美国现代建筑的导入和发展情况的批判性的记述，但书中也分析说：“现

---

[3] 密斯·凡德罗［1886—1969］：与柯布西耶同样是20世纪最有影响力的建筑师。1921年发表的玻璃造摩天大楼计划被称作是20世纪所有写字楼的原型。1930年到1933年间担任包豪斯的校长；1938年开始在伊利诺伊斯理工大学［Illinois Institute of Technology］任教，战后活跃于美国。

[4] 汤姆·沃尔夫［1931—2018］：美国〞新新闻主义〞的代表记者。曾发表过《画出来的箴言：艺术理论的现代臆造》《刺激酷爱迷幻考验》《真材实料》等作品。

代主义建筑的基本在于‘从零开始’讲道理。”而“从零开始”，也是婴儿潮世代的标志性语言。“哈比达派”的住宅基本都是现代主义风格的，他们喜欢用的哈比达家具无一例外是现代主义风格的设计作品，这绝不是偶然。以柯布西耶和密斯等现代建筑初期的建筑师们开辟的美学为设计基础，再加入些北欧风格的“人情味儿”，而且价格便宜得几乎人人都能负担——这就是哈比达的家具、小物品及餐具。北欧的建筑师们［芬兰的阿尔托[1]等建筑师］会对现代建筑做一些北欧特色的、人性化的、有机的修饰，而哈比达家具也会利用一些原木和柔和的曲面来巧妙地进行同样的修饰。而且，最近哈比达家具还“跟风”般地常做一些后现代主义的修正。只是无论做怎样的修正，价格适中且实用的原则是不会改变的。后现代主义的修正多数情况下仅限于将表面的装饰板［decora］[2]由白色改为粉色这种程度。

“哈比达派”的“好理论”的性格特点，和“从零开始”的现代主义，在“哈比达派”的住宅中是怎样得到体现的呢？其实在选择住宅前，

[1] 阿尔瓦·阿尔托［Alvar Aalto，1898—1976］：芬兰建筑师，称得上是现代建筑的一位巨匠。靠着对材料的特殊感觉和对曲面的运用，创立了自己独特的风格，留下了许多曲合板家具、照明器具、琉璃器具的杰作。

[2] 商品名为密胺装饰合板，作为中档家具表面的装饰材料，多用于桌子表面的装饰等。

"哈比达派"简介表

思想体系	合理主义
派别分类来源	哈比达家具广告、《BOX》《CROISSANT》
参考建筑样式	现代主义、斯堪的纳维亚现代主义 [Scandinavian modernism]、高科技设计
地址	从西武池袋线的小手指车站步行5分钟
居住情况	买下半旧的分售公寓后改装而成， 买入价格：118万日元／坪
家庭构成	丈夫，36岁，供职于某电机厂［技术科］ 妻子，36岁，供职于某电视台 女儿，8岁
楼地板面积	29.6坪
主体结构	主体构造：HPC结构 ［钢骨（H钢）和预制混凝土（precast concrete）并用的一种工期较短的经济型结构系统。主要适用于中级公寓］ 外部装修：环氧［epoxy］涂料 ［陶瓷（ceramic）类的建筑外墙装饰材料。因其价格低、性能好，常被用于公寓等的外装材料］ 内部装潢：地板 涤纶地毯［米色］ 墙壁 乙烯布［米白色］ 天花板 同上
建筑成本	46万日元／坪

“哈比达派”往往要先进行这样的思考：“是应该选择独门独院呢，还是应该住公寓呢？”“是应该租个住宅继续交租金呢，还是要一套自己的房子，然后分期付款好呢？”“是应该上下班多花些时间去住大点的房子呢，还是就算住小一些的房子也要守在市中心呢？”……无论什么事情都要从头开始考虑的“哈比达派”，在选择住宅方面也是要从这些基本设问开始的。而且既然是设问，“哈比达派”当然也会给出各自的回答，甚至如果你去拜访他们，大概要花至少一个小时的时间，才能听完他们的回答。

比如，关于为什么用住房贷款买下的东村山的两居室［2LDK］[1]是最合理的住宅，你就要洗耳恭听他们的解释。虽然是同样的问题，每个人却都有自己的回答。这是“理论”的“宿命”——前提不同，思路不同，自然就会有无数可能的结论。相比之下，比“哈比达派”年轻、且讨厌理论的感性世代，对于同样一个问题得出的结论却出人意料地相似。这是因为，感性思考者和理性思考者相比更容易彼

[1] 在日本，将有两间起居室并兼带餐厅、厨房的房子称为“2LDK”。［译者注］

此趋同，且胆小、缺乏自信。无论是一种样式，还是一种物品，一旦被认为是时兴的，他们就会趋之若鹜。这就难怪，为什么他们都那么想住到港区、东横线、湘南那种地方了。

3. 现代主义的普及版

因为有着各自不同的结论，所以你会看到“哈比达派”的人们，有人住在私家住宅里，有人住在公寓里；有人住在东村山，也有人住在代代木上原；有人住着半旧的商品房，还有人住着集体公寓。而住宅的外观也是各不相同，从中很难看出像“食宿公寓派”住宅那样的统一风格。对此，“哈比达派”给出了这样的“官方”解释：“注重房子的外观是毫无道理的做法。”不在乎外观这点与“咖啡吧派”是一致的，但不同的是，“哈比达派”是因为那是“毫无道理的做法”才不去“注重房子的外观”的。连晨浴有助于保持心情愉快这样的小事都能讲出一番道理来的“哈比达派”，这点理由对他们来说不过是小菜一碟。但这始终只是“哈比达派”的“官方”解释，至于他们是否真的对房子的外观抱有无所谓的态度，那就要另当别论了。他们之所以会作出那样的解释，与其说是房子外观的决定不靠什么理论基础，倒不如说是，因为外观的问题根本就属于理论无法涉足的感性领域。即便是比其他任何时代的建筑师都更讲求理论的现代主义巨匠们，在处理建筑物的外观问题上，也是非常保守的，而且他们也只能给出带有强烈个人色彩的理由。这是因为，这些大建筑师们在设计建筑物时，是非常重视建筑物的外观的，他们在用自己的方式对外观进行“特别关注”。然而在外观的问题上，就连他们也很难给出一套理论。

而“哈比达派”的人们也完全继承了这个传统。其实，“哈比达派”的所谓“不注重房子的外观”，并不是说“外观怎样都无所谓”，而是说不一定非要装饰得多么华丽。像现代主义建筑兴起之初的住宅那样——白色的、豆腐块儿般四四方方的住宅，或是集体公寓，理论上是可以的。但“食宿公寓派”那样的住宅，却是被严格否定的。这就是他们重视外观的实证。“哈比达派”的这种心口不一的两面性姿态，恰是与现代主义共通的地方，而由此引出的不喜装饰这一点，也同样符合现代主义的理念。“哈比达派”和现代主义所奉行的“从零开始”的理念，与历史上沉淀下来的装饰性的建筑理念是格格不入的。甚至还有现代建筑师断言“装饰是罪”。[1]

4. 不遮丑的设计

“哈比达派”住宅在设计上的特征，同样是“从零开始”。而且，对于“家丑”非但不遮，反倒全部暴露在外［20 世纪 60 年代的学园风波也是同样的姿态］。这里所说的“家丑”，指的是只有家人才能看到的“不净”空间。用“咖啡吧派”一章里的用语来形容，就是存在着生活臭的空间，像厕所、浴室这些用水的地方，还有厨房和储物间。从本书中提到的各派看待和处理这种“不净”空间的方式，就能大致看出各派的

[1] 阿道夫·路斯［Adolf Loos］在 1908 年出版的《装饰与罪恶》的论文中表明了这样的想法。

本质特征了。

“单身公寓派”习惯将“不净”的部分——组合式浴室及与之相对的简易厨房，安排在门口旁边。其实，“单身公寓派”并没有将它们看作是“不净”空间。与房间其他杂乱的地方相比，组合浴室里反倒显得井然有序。正如在旅馆的房间里也没有什么“净”与“不净”之分，在“单身公寓”这种暂时的居所里，关于这些的概念也是很模糊的。总之，既然大家都是客，没有所谓的家人，那自然也就不存在什么“净”与“不净”的空间了。

“清里食宿公寓派”是喜欢用可爱的装饰将“不净”空间掩盖的。在前面“清里食宿公寓派”一章，也举过厕所的例子来表述过那样丰富的装饰，但这种“丰富的装饰”不仅限于厕所，盥洗室、浴室、储藏室同样如此。尽管橱柜等都放在客人看不到的地方，但她们［“食宿公寓派”的女主人们］还是要加一些线脚［molding］[1] 在上面，或是弄一个非常夸张的把手。总之，“食宿公寓派”就只是把存在着生活臭

[1] 线脚，在建筑物或家具上刻出的带状的装饰图案，相当于日语中的“刳型”。

「哈比达派」住宅平面图
——将半旧的公寓如图所示进行改装

改装前

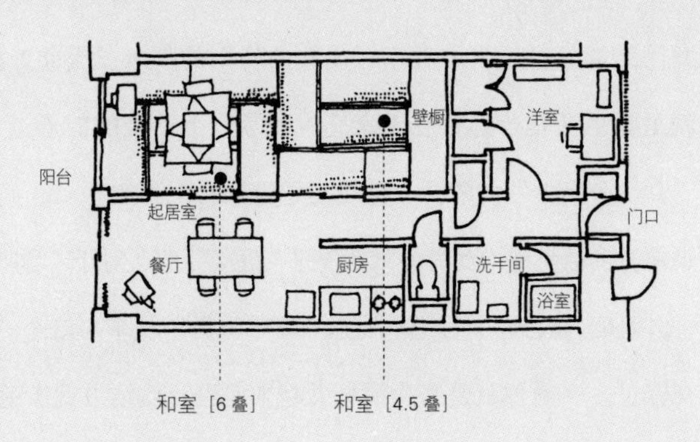

改装后

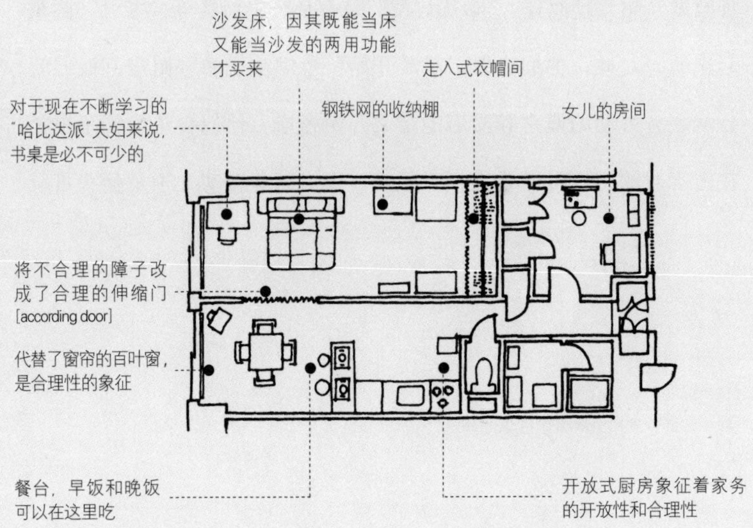

的“不净”空间装饰一番。对“食宿公寓派”来说，自家的生活臭是家庭团结的象征，是一种不可或缺的特别的气息。因此，她们的愿望就是让生活臭永远存在于家庭中。举一个不雅的例子，生活臭对于“食宿公寓派”的意义，就相当于狗尿对于狗的意义。

如果说生活臭是“食宿公寓派”的“朋友”，那么对于“咖啡吧派”来说，它就是“敌人”了。只不过，“咖啡吧派”从未与这个“敌人”正面交锋过。[1]他们只是将生活臭关起来而已。而结果就像前面“咖啡吧派”一章中所记述的那样，住宅里“净”与“不净”的部分从空间上被分割开来了。

说到最后，关键还是“哈比达派”对于这个问题的处理方式。与“咖啡吧派”相比较而言，“哈比达派”是不会将生活臭等“家丑”隐藏起来的。对此，他们也会“从零开始”考虑。比如像厨房，他们就会从家务劳动的概念和厨房的定义开始考虑。他们会认为妻子被关在密室般的厨房里做饭是不合理的，因为家务劳动并不是什么可耻

[1] 这也符合他们所遵循的生活原则。

的事情，所以从餐厅可以看到厨房也未尝不好，况且一边做饭一边同家人聊天也是合理的。尤其是这样可以缩短厨房与餐厅之间的距离，理论上可以提高效率、减轻劳动量。

这样的理论分析的结果是：开放式厨房、厨房和餐厅之间的送餐窗口、设在厨房旁边的早餐台这些设计的诞生，以及它们在全日本家庭中的广泛应用。这同样要归功于“哈比达派”合理化的思考方式——带有普遍性和较强说服力的思考方式。但是，谁也不能保证这样合理化的设想或者理论，应用于现实生活中也一定是合理且有效的，这也是理论的宿命。一旦应用于现实生活，在开放式厨房这样杂乱的环境里没有食欲，送餐窗口和早餐台搁置不用，这样的事情时有发生。

关于储物间的问题，“哈比达派”也还是“从零开始”思考解决的办法。比如他们会想:“为什么衣服一定要放在壁橱或是衣柜里呢?把衣服都挂在衣架上，难道不是最合理的解决办法吗？”结果“走入式衣帽间”就诞生了。他们又想：“又不是什么脏东西，没有必要隐藏起来。”于是，透气性好的折叠式收纳棚也诞生了。以上就是象征着“把所有一切暴露出来”的“哈比达派”的储物设备。这些合理探求得到的“结果”本身的价值，有时甚至会超过存放在里面的所有物品的价值。

5. 白色乙烯布用于内部装修

像房间内部装修，这种带有感性色彩的部分，“哈比达派”也不忘补充各种理由。他们要求内部装修的基色为白色——白色的墙壁、白色的天花板及白色的家具。对此，他们给出的理由是：“白色的东西稍微弄脏一点就会很明显，因此可以使房间保持清洁。除此之外，白色能使房间显得宽敞明亮。”更何况，柯布西耶设计的住宅所代表的现代主义中的“白色美学”也在将他们引向白色。“哈比达派”讲究的白色与“咖啡吧派”喜欢的白色不同。“咖啡吧派”喜欢的是白漆喷涂的墙壁和家具，但这种难以长久保持的东西“哈比达派”是不承认的。他们所要求的，是用白色乙烯布贴起来的墙壁和贴有白色装饰板的家具。“白色乙烯布上有了污迹，只需用抹布就可以很容易地擦掉，而且更换起来也不麻烦。如果能忽略其硬冷的质感，白色装饰板也是一种耐热性强，且不易损坏的装修材料。”——“哈比达派”理论起来甚至连装修材料这样小的地方都不放过。

6．对舶来品的信仰与合理主义的结合

在“哈比达派”的住宅里，理论无处不在。能做到如此的彻底与执着，不愧为“从零开始”的“哈比达派”。但问题是：他们为什么一定要买哈比达这种牌子的家具呢？如果因为是国外的名牌，那么宜家又有何不可呢？明明是西武物流的家具专卖店，为什么特意借用国外的牌子呢？撇开哈比达牌的家具均是出自意大利著名设计师之手这点，哈比达家具店里那些现代主义设计风格的中档品，日

本本国就可以开发、生产。即便是这样，也一定要冠以“哈比达”的名号，这又是为什么呢？

类似的情况还有：24 小时便利连锁店统称“Seven Eleven”，连锁餐厅[1]都叫做“Denny's”。巧的是，这两家连锁店的常客也都是“哈比达派”，而且它们的基本经营理念也正是“哈比达派”所信奉的“合理主义”——通过调查、分析顾客的需求来安排合理的产品配置；以合理的物流系统作基础定制合理的价格；严格按照服务守则上的要求提供合理的服务。如果仅是这样的理念问题，那么即使不去高价购买国外的商标使用权，日本本国也能做得到，甚至会做得更好，但最终两家连锁店还是冠上国外的商标，并且都获得了巨大的成功。

日本的“合理主义”和“机能主义”[2]，最初都来自于欧美国家。这样的本源意识现在仍然影响着日本人的精神构造，因此，在日本人眼里“合理主义”几乎就是“舶来品”，没有国外的背景做支撑，“合理主义”是无法得到认同的。无论“哈比达”还是“Seven Eleven”

---

[1] 指一般的快餐厅、食堂、咖啡厅等。[译者注]

[2] functionalism，也译作“功能主义”。[译者注]

“哈比达派”表面特征表

	特色语言	表面特征的媒介	语言的象征
表层 [外观的特点]	白色四方盒子	几何学	合理性
	开放式阳台		近代
用途安排 [设计上的]	“从零开始”修正的合理化设计		合理性
空间 [有特色的房间]	精心打造的厨房，走入式衣帽间	“哈比达”的广告	合理性
内部设施 [有特点的小东西]	组合式家具 钢铁收纳棚	“哈比达”的广告	合理性
动作姿态 [行为特征]	丈夫洗碗	几何学	近代、平等
	在餐台前就餐		合理性

和“Denny's”，都是利用了日本人的这种习性。换句话说，合理主义在日本已经不再纯粹作为一种理念，而是作为一种时尚被认同的。

“哈比达派”住宅里的“合理主义”也同样如此：合理的厨房也好，合理的储物间也罢，其实都是将“欧美般的高质量的生活”这样一种印象带到了住宅里，这种印象才是真正的舶来品，更进一步说，日本人这种根深蒂固的对舶来品的信仰[1]正是打着合理主义的旗号，才能够长驱直入地进驻到“哈比达派”住宅里。可“哈比达派”有再充分的理由，也不过是为了将浅薄的“舶来品信仰”正当化的华丽说辞而已。而另一方面，也正是由于浅薄的“舶来品信仰”，以哈比达家具为代表的、现代主义的普及版室内装饰，才得以势如破竹地占领战后日本的室内装饰市场。

美国虽然早就引入了欧洲的现代主义建筑，并使其在美国本土生根发芽，但除了建筑杂志上登载的那些住宅，现代主义的住宅根本无法在一般民众中得到普及。更多的美国人对现代主义建筑所表

[1] 盲目崇拜。[译者注]

现出来的“合理主义”和“功能主义”，还是抱有疏离的心态。前面提到的汤姆·伍尔夫的《从包豪斯到我们的豪斯》正是基于这样的现实对现代主义的建筑进行了批判，才成为畅销书的。然而日本的情况不同，在日本，普通的民众都可以毫无顾忌地接受现代主义建筑。因为现代主义在日本，是作为一种流行时尚被接受的。一方面在思想上被接受并认同，且靠着“舶来品信仰”带来的商机得到发展，另一方面又打着合理主义的旗号进一步正当化——这就是“哈比达派”成功的秘诀。

05

建筑师派

1. 被当作“知识之窗”的建筑师

“建筑师派”指的是委托建筑师来设计住宅的人们。至于他们为什么要委托建筑师来为自己做住宅设计，普遍的看法是，他们是喜欢某个建筑师的设计风格才这样做的。但建筑批评家雷纳·班纳姆[Reyner Banham][1]对此却另有一番见解，他以弗兰克·劳埃德·赖特[Frank Lloyd Wright][2]为例做了说明。[3]赖特是目前美国知名度最高的建筑师，由他所设计的住宅遍布美国各地。班纳姆则从赖特所设计的这些住宅所有者写给赖特的信件和关于他的文章中，发现了一个有趣的事实：这些住宅所有者在写信委托他设计住宅之前，多数人根本就不曾亲眼见过他的作品；还有些人不仅没有见过实物，甚至连图片都没看过。因此，班纳姆得出结论：赖特的这些客户们根本就不在乎他的设计风格是怎样的。他们之所以会将目光投向赖特，是出于一种“草

---

[1] 雷纳·班纳姆［1922—1988］：英国现代建筑师，《Architectural View》杂志的编辑，曾做过芝加哥 Graham 财团研究员，后任伦敦大学环境学院教授。主要著作有《第一机械时代的理论与设计》［*Theory And Design In the First Machine Age*］［1960］。

[2] 弗兰克·劳埃德·赖特［1867—1959］：美国最伟大的建筑师之一。代表作有芝加哥罗比住宅［Robie House］［1909］、东京帝国饭店［Imperial Hotel］［1923］、纽约古根海姆博物馆［The Guggenheim Museum］［1959］等。

[3] 出自“Wright Stuff”，*Design Book Review*，第 7 期。

根般的”孤独感。由于美国疆域辽阔，所以美国人很容易产生像是在荒野中孤立无缘的感觉，赖特所处的时代更是如此。因此班纳姆认为，人们找到赖特，是出于一种孤独感。那么，委托赖特做住宅设计如何能消除这种孤独感呢？通常人们会出于两种原因来委托赖特设计住宅：一种是想借用赖特的名气来提升住宅自身的价值；另一种则是借助设计师作为“信息之窗”的力量。人们以住宅设计为借口，是希望与建筑师进一步交往,从而获得更多的信息。怀有“草根般”孤独感的人们，非常渴望得到信息。对这些人来说,建筑师就起了“知识之窗”的作用。

如今的建筑师和客户之间的关系仍是如此。希望由建筑师来为自己做住宅设计的人们——“建筑师派”，首先要认同建筑师打出的品牌价值。与路易·威登［Louis Vuitton］、爱玛仕［HERMES］之类的牌子不同，建筑师的“品牌”是“知识品牌”。能够认同这样的品牌价值，说明客户们也是具备一定知识水平或者至少对于知识产品有着强烈概念的人。尤其是“建筑师派”,他们非常看重与建筑师之间的知识交流。

对他们来说，要想不经过媒介，而是通过面对面的方式获得精练的、具备一定知识水平的信息，委托建筑师设计住宅，借机同他［她］们“亲密接触”是再便利不过的方法了。即使并没有真的像“草根”那样孤立于荒野中，但是身在这样一个信息泛滥的时代里，能够完全通过面对面的方式获得一定的文化知识方面的信息，也是很难得的一件事。在一个家庭中，丈夫社交相对广泛，这种获得知识信息的机会可能还会有一些，但妻子如果自己不去留心，就很难有机会了。仅是与推销员之间的交流难免有些不足，因此，夫人们也只能通过与建筑师之间的趣闻杂谈、艺术浅谈来获得满足。从这层意义上来看，促使“建筑师派”形成的原动力也可以说正是夫人们对于知识的渴求。如此说来，赖特屡次与客户的妻子之间发生丑闻，也就不足为奇了。

2. 利休的“反其道之行”

作为“知识之窗”“信息之窗”的建筑师，在古代就如同专司知识交流的职业。以日本战国时代的茶道界为例，那时的茶人与当今的建筑师一样，也扮演着知识交流的角色。战国时代的大名“点茶”的一个重要目的就是借此机会与茶人进行交流，从而不断获得新的信息。如今的建筑师与当时的茶人有着许多的共通之处，发生在茶道界里的种种事件也可供今日的“建筑师派”作参考。其中最有参考价值的一件事就是由利休[1]所发起的茶道界的“价值逆转”了。那次“价值逆转”的形成过程也同样适用于今天的“建筑师派”住宅世界。

利休的“反其道之行”，确切地说，并不是由他一人来完成的，而是通过利休的师父武野绍鸥[2]、师父的师父村田珠光[3]等人慢慢积累，一步一步完成的。在此为了便于理解，就统称为利休的“反其道之行”了。此事件虽然被称作“从贵族到平民的茶道”，但这并不是一次单纯的茶道操作者的角色转换，而是一次连同作为茶道之本的基础美学的彻底改变。茶道有许多中国的传统在里面，在利休的“反其道之行”以前，中国的东西在茶道界还是价值判断的基准。

---

[1] 千利休［1522—1591］：生于堺市的茶人。最初侍从织田信长，后来又侍从丰臣秀吉。受到秀吉的器重，被封为“天下第一宗匠”，颇有权势，但终因与秀吉不和而被迫切腹自杀。

[2] 武野绍鸥［1502—1555］：村田珠光流派的继承人，“侘茶草庵”［译者注：侘茶是茶道的一种形式，以“和、静、清、寂”为宗旨的草庵式茶道］的完成者。最初执着于“歌道”［译者注：和歌之道，指和歌的技术、方法］，听过《咏歌大概之序》后领悟了茶道与歌道的共通之处，故而转攻茶道。

[3] 村田珠光［1422—1502］：被称为“侘茶草庵”的创始者。他统一了平民自泡自饮的茶，寺院的茶之礼仪与贵族、武家盛行的书院台子茶，为现代的茶道奠定了基础。

“建筑师派”简介表

思想体系	反资产阶级的艺术爱好［注：dilettantism，指的是外行人对于艺术的喜好］
派别分类来源	建筑方面的报纸杂志
参考建筑样式	登载在建筑方面的报纸杂志上的设计样式
地址	从新玉川线驹泽公园站步行7分钟
居住情况	独门独院，从父母的宅地上划出一块土地增建的住宅
家庭构成	丈夫，38岁，从事文案工作 妻子，35岁，室内设计顾问 孩子，无
楼地板面积	23坪
主体结构	主体构造：钢筋混凝土 外部装修：清水混凝土，喷涂结晶系拔水材料［注：基本上是让现场浇灌混凝土维持取下模板后的状态，这样可以有效防止污物的附着］ 内部装潢：地面 柞木地板 墙壁 清水混凝土 天花板 同上
建筑成本	60万日元／坪

比如，茶具一定是唐物居上等，被予以特殊对待，茶人常常是作为中国文化等有关中国的信息的传达者而得到特别的重视。[1] 利休反对的恰恰是这种“中国崇拜”。他重新赋予日本陶瓷器具其应有的价值，即使是日用杂物，目所能及之处也给予积极的评价，甚至在正式的茶会上也开始逐步起用这些陶瓷器。当时利休所提倡的新价值标准被称作“闲寂、恬淡”。通过这种新的价值标准，利休对大名收集华美奢侈的唐物的行为进行了激烈的批判。

当然“闲寂、恬淡”不仅停留在对茶具的审美意识上，它也同样适用于空间。绍鸥曾说，“闲寂”的点茶之心其实是体现在藤原定家[2]的一首关于一所茅屋［简陋的房子］的和歌里，这首和歌是这样唱的：“顾也茫然，秾花红叶皆不见，秋日晚，海滨茅屋残。”[3] 利休则干脆发起行动——将茶室的空间一再地缩小，最终缩到了“一叠”大小。如此这般，唐物所代表的崇尚华美的茶道价值观就转换成了偏好简陋、狭促的事物的价值观。

---

[1] 关于“唐物”在茶道界的地位介绍，请参见“清里食宿派”一章。

[2] 藤原定家［1162—1241］：镰仓前期歌人。参与编撰《新古今和歌集》，著有《近代秀歌》等和歌学著作。［译者注］

[3] 这首和歌的原文是：“見渡せば花も紅葉もなかりけり浦のとまやの秋の夕暮。”此处引用的译文出处是靳飞的《茶禅一味——日本茶道文化》，P113，天津百花文艺出版社，2004 年出版。［译者注］

在此我想提起的是：今日的“建筑师派”的世界里也发生了相当于利休“反其道之行”的事件，事件的发起者是安藤忠雄[4]。就如同利休之前的茶人几乎都着眼于唐物，只注重介绍中国的文化一样，安藤忠雄之前的住宅建筑师也都基本着眼于“唐物”——只注重介绍西欧先进的居住生活。那时候西欧的居住生活的确要比日本丰富得多、先进得多。那时日本建筑师梦寐以求的就是加深在研究西欧居住生活方面的造诣，并且将其巧妙地应用于日本的住宅建筑。从另一方面来说，如果建筑师能够成为西欧文化的介绍者，那么就能充分满足“建筑师派”的知识欲求了，因此建筑师一旦具备这种能力，再稍微搬些理论来，就能登上建筑杂志且被誉为“住宅作家”。

这些所谓的“住宅作家”的伎俩与“哈比达派”雷同：在美学方面，以崇拜舶来品为基本，再对其加以粉饰，附之貌似合理的理由并将其合理化。而能够站出来批驳此现象的人就是安藤了。在安藤所处的时代里，与“唐物”有关的信息泛滥成灾，以至于仅仅作“唐物”

[4] 安藤忠雄［1941— ］：现代日本代表建筑师。由他确立的独特的建筑风格在于清水混凝土的使用、严密几何学的构成和对于光学的执着。他的代表作有“住吉的长屋”。

信息的介绍者已经逐渐不再被人重视。安藤就是在这种情况下，站出来反对“唐物崇拜”，展示新的“闲寂、恬淡”之美的。此次的事件也不是仅凭安藤一个人的力量完成的。与利休继珠光、绍鸥之后最终完成茶道界的价值转换一样，安藤也是继承了筱原一男的抽象空间，而筱原一男又是谷口吉郎和清家清的美学继承者。我之所以要提起安藤而不是筱原的名字，是有自己的理由的：其一是以“住吉的长屋”为代表的安藤的“狭小空间”建筑风格；其二是以清水混凝土式的内部装潢为代表的简陋素材的使用。这些特性在利休那里也能明显地体现出来，而从筱原的建筑风格上却不能很清楚地看到这两点。相对于“狭小空间”，筱原更注重空间的舞台效果；相对于素材的简陋感，筱原则更重视空间的抽象性。

除此之外，安藤还有一处与利休的相似点：安藤一方面想要将现存的住宅审美意识转向对“闲寂、恬淡”之美的崇尚，另一方面又绝不提倡“寒酸”的住宅建筑。为了使得简单朴素的住宅能够透出“闲寂、恬淡”之美，而不是“寒酸、鄙陋”之气，安藤充分发挥了他敏锐的素材识别能力，以及对空间抽象性的运用能力。利休也同样是一边倡导“闲寂、恬淡”之美，一边又尽量不让自己营造出的“茶室空间”[1] 显出寒酸来。利休绝不会去推翻“茶道属于有钱人的消遣”这样的基本原则，而安藤之所以会在关西得到大众的支持也是因为他所设计的住宅看似简单朴素，实际上正是其朴素的外表成为了有钱人精神上的免罪符。

说到底，利休和安藤都看得清楚明白，无论是茶道界，还是“建筑师派”的住宅建筑界，都是以金钱为基础搭建起来的世界。利休和安藤也正是因为掌握了这样的本质，才能获得成功。在当今“建筑师派”的住宅建筑界，即使说安藤之后出现的“建筑师派”住宅都是受“安藤美学”所引导的也不为过。他一方面否定“唐物崇拜”那样的“夸富”行为，另一方面也不赞成“寒酸住宅”那样的“哭穷”行为，就好像手持一把“双刃剑”。在这把“双刀剑”面前，只是一

---

[1] 利休的草庵。［译者注］

味崇拜“唐物”的建筑师们自然会败下阵来。同样，在当今的茶道界，“利休美学”也一直处于领先地位。《金魂卷》的作者渡边和博曾做过这样一段描述：住在时尚且简朴的清水混凝土住宅里的人对朋友说“其实不怎么样啦，冬天还有点冷啊，哈哈……”或是“住这样的房子，雨天说不定还会漏雨呢……”嘴上虽是这样说，脸上的笑容却似要溢出来。[1]被这样形容的住宅大概就是利休所提倡的“茅屋”［草庵茶室］现代版吧。

3．现代版的茅屋

现代版的茅屋——“建筑师派”住宅，其基本特征在于外墙是清水混凝土的装修风格。首先是通过“不加粉饰”的装修风格来表现“茅屋”的贫寒。“建筑师派”住宅的基调是“闲寂、恬淡”之美，在此基础上，又打着“最经济的建筑素材”的幌子来博得“施主”［前来拜访的客人］的谅解。路易·威登的皮包靠着其独特的聚氯乙烯涂层

[1] “NOW通讯”，《家庭画报》，1986年3月号。

「建筑师派」住宅平面图

从图纸上可以一目了然的秩序感就是「建筑师派」住宅的独特之处。由于各个房间的名称对于住宅整体无太大意义，因此并未注明。

N

似乎有一定含义的曲面墙

一层平面图

二层平面图

墙壁内外均用清水混凝土装饰

地板的接缝使得整个平面图都有了一定的美感，此处是支配住宅整体几何学的一个重要体现

在垂直交叉的坐标系中突然出现的斜向插入部件也是"建筑师派"住宅常用的手法

向天空伸展的框架

[PVC] 材料与其他牌子的产品区别开来，“建筑师派”住宅也是靠着清水混凝土的外墙装修独立于其他住宅建筑群。相对于细节上的区别，材料上的区别更加容易看出，且不会令人生厌，因为用材的不同会让人感到本质上的不同。路易·威登就是采取了这样的战略。外墙装修材料决定以后，下一步要处理的就是开口部分[1]了。开口部分是绝对不能用住宅专用铝制窗框的。“住宅专用铝制窗框”虽然是“独门独院派”住宅的标志，但应用到“建筑师派”住宅上面，却会使其降格到“穷酸”的世界里去。对“建筑师派”住宅来说，颇有质感的特制注钢窗框才是住宅最完美的搭配。

素材之后是外观形态的特征。外观形态方面，“建筑师派”的第一要求是纯粹的几何学形态。首先，几何学形态是知性的象征；其次，几何学的抽象性能将清水混凝土外装的粗糙、简陋提升为“闲寂、恬淡”之美。伸缩自如的曲面和高扬却不张扬的建筑框架，这些都是“建筑师派”所喜好的。这些结构越是不可捉摸，越会让人联想

---

[1] 专指窗口等部分。[译者注]

到知性的神秘。这些框架和曲面，其实最早起源于以“纽约五人组”[2]为代表的西欧建筑的一系列运动，所以也可以称为一种“唐物”。从此也可以看出，建筑师崇尚“唐物”并且充当着介绍舶来文化的角色。因此如果再这样继续明显地表现出对“唐物”的崇拜，就有可能再次面临严厉的“利休式”批判。即使采用的是后现代主义风格，也免不了这样的批判。后现代主义即引用历史建筑样式，是20世纪80年代舶来建筑文化的主流建筑风格。现在最珍贵的“唐物”也就属“后现代主义”了吧。“建筑师派”所认同的是将后现代主义的中心思想凝聚到一点应用于整座建筑，然而利休最为警惕的正是这种吸收“唐物”［舶来文化］的方式。在这个被“利休文化”支配的国家，即使是在细节上吸纳后现代主义无疑也被看作是非常“危险”的举动。

“建筑师派”住宅设计的特征在于几何学的整合性[3]。建筑师重视客户的评价，更重视登载在建筑杂志上的对其作品的评价。建筑杂志评价一所建筑时，往往是通过它的图纸［平面图、立面图等］与照

[2] 凭1972年出版的同名作品集而在世界上一跃成名的五位建筑师，他们主要活跃于纽约，因此被称为“纽约五人组”，其成员分别是：迈克尔·格雷夫斯［Micheal Graves］、理查德·迈耶［Richard Meier］、彼得·艾森曼［Peter Eisenman］、查尔斯·格瓦思梅［Charles Gwathway］和约翰·海杜克［John Heyduk］。

[3] 当建筑设计中的几何秩序有着强烈的存在感时，这一设计就被称作是具有几何学的整合性。几何学上的秩序也是个非常模糊的概念，但可以将其看作是混乱、嘈杂的另一面。通过轴心、对称性和基本的几何学形态［正方形、长方形、圆等］来整理混乱的一切，这时几何学的秩序就产生了。

片两种媒介。多数读者没有体验过真实的空间，只能通过平面图和照片来揣测空间的建筑质量，以及空间设计的感觉。托几何学的福，看起来井然有序的设计自然会吸引读者的目光。除此之外，设计中所包含的地板接缝的处理问题也会影响读者的判断。

4. 注重存在感的抽象空间

“建筑师派”住宅的内部装潢与“咖啡吧派”是相类似的。两者都要将生活臭排除在外，且两者都是被一种抽象性支配。只不过“咖啡吧派”住宅里的主角是住在里面的人的行为姿态，只要能突出其行为姿态，整个空间是可以暂时从意识中抹掉的。“建筑师派”住宅则不同，无论是对于建筑师本人，还是对于委托建筑师设计住宅的客户来说，如果空间消失了，那么所有的一切也就不存在了。因此，为“建筑师派”设计住宅的建筑师面临着既要将空间变得抽象化，又不能削弱空间存在感的难题。

“建筑师派”表面特征表

	特色语言	表面特征的媒介	语言的象征
表层 [外观的特点]	清水混凝土		反对炫耀财富，提倡“闲寂、恬淡”之美
	简单的几何形态	几何学	艺术作品、知性的
	伸向空中的整体框架，曲线壁面，缝隙呈方格状的地板	建筑杂志	西方建筑思潮
用途安排 [设计上的]	井然有序的设计	几何学	
空间 [有特色的房间]	适合拍照的房间		艺术作品
内部设施 [有特点的小东西]	现代艺术风格的小物件	建筑师的解说	知性的、文化方面的
	登载着这栋住宅的建筑杂志	建筑杂志	艺术作品
动作姿态 [行为特征]	“这栋房子很冷吧，哈哈……” “这栋房子可是会漏雨的哦……”		反对炫耀财富

解决这样一个自相矛盾的课题,有以下几种方案可供参考：之一,充分利用通风口和楼梯间，使得整个空间变成一个“舞台”；之二,在整齐的空间中插入类似于一根斜柱样式的斜体部分；之三，造成一种空间的素材感［清水混凝土或是锈迹斑斑的铁板］与空间的抽象感混杂在一起的微妙状态。这些都是具有高度抽象性同时又强烈主张存在感的空间。

如果不想做得如此复杂，那么还有几个简单的解决方案。比如,将几件艺术品和家具放在住宅空间里，并突出其存在的方式。像这样借助物品的力量，就可以强调空间自身的存在感，或产生空间存在感的效果了。在住宅中活动的人是否能登上杂志并不重要，重要的是这些艺术品和家具能堂而皇之地被拍成照片登上杂志。如此,通过借助物品的力量，即使是平庸的建筑师也能够使自己创作的空间具备能与其他普通空间区别开来的特色了。[1] 另外，采用这种方法,建筑师就能充分发挥其作为“舶来文化之窗”的鉴赏能力。其实,

---

[1] 迄今为止，最难以区分的空间就是“咖啡吧派”的白色抽象空间。

高明的客户向建筑师索要的正是这种鉴别的方法和能力，他们也期望建筑师扮演这样一种“窗口”的角色。对客户来说，空间的存在感能否得到强调并不重要，他们所希望的是在选择艺术品或是家具的时候，能够从建筑师那里得到合适的信息和建议。对“建筑师派”来说，首先要到手的是建筑师本身的知识品牌，其次要得到的就是像艺术品、家具这样的另一种知识品牌来填充自己的住宅空间，他们需要的其实是能够突出这些知识品牌商品的空间，这样一来，像是商店推销员一样能够给予合理建议的建筑师就成为了住户的首选。

06

住宅展示场派

1. 认同“住宅人生化”的折中主义者

无须做什么事先声明的“住宅展示场派”，就是将住宅展示场上展示的住宅买下来作为自家住宅的人。在住宅展示场上亮相的住宅，过去被称作“预制装配式住宅”。

采用预制装配形式建成的住宅价格相对较低，且整个建筑过程耗费的工时也短，这些就是预制装配式住宅的亮点。如果是在过去，那么这一派很可能会被称作“预制装配派”，但时至今日，称在展示场内展出的住宅为预制装配式住宅的人已经越来越少了。“预制装配”只是一种合理的建筑形式，现今只能作为住宅的卖点之一。从建筑形式的合理性和建筑外观的印象，到由设计联想到的住宅内部的生活状态，包括所有这些在内的商品［住宅］的整体印象才是决定这类住宅能否胜出的关键之所在。因此，将这类住宅称作预制装配式住宅或是工业化住宅，倒不如将其称作“商品化住宅”更合适一些。只不过又会有评论说“商品住宅派”这样的用词会产生误解，让人误以为是要将所有的住宅商品化。如此这般，本书为了避免引起误会，就干脆称这类住宅的爱好者为“住宅展示场派”。

“住宅展示场派”的年龄较“哈比达派”要稍大一些。与“哈比达派”最为不同的一点是，他们的住宅基本都是私家住宅。建成“住宅展示场派”住宅的首要条件是土地——在日本最为奢侈的商品。买下一块新地建房子［展示场派住宅］，这对于普通的工薪阶层来说，是一生只能有一次的买卖。它的巨额资金耗费往往会使人产生一种错觉，以为拥有这样一所住宅就是人生的终极目标了。这种错觉就被称作是“住宅人生化”。虽然根据住宅的不同，将人生分成三六九等的小小尝试也算是一种住宅人生化，但对于“展示场派”来说，住宅人生化是有着重要的影响的。

“选择接受这样沉重、劳苦的‘住宅人生化’是否合理呢？”——

“住宅展示场派”简介表

思想体系	折中主义
派别分类来源	住宅建筑商的宣传册子、妇女杂志上有关室内装潢的花边新闻
参考建筑样式	殖民风格、现代主义、民间艺术风格［和式风格］
地址	从小田急线的相模大野站下，乘8分钟的公交车后，步行7分钟
居住情况	连同土地买下的独门独户
家庭构成	丈夫，42岁，供职于某钢铁厂 妻子，38岁，全职太太 儿子，11岁，为了儿子的中学应试学习而买下的房子 女儿，8岁，女儿弹的钢琴放在起居室
占地面积	58坪
楼地板面积	35坪
主体结构	主体构造：木结构［2×4］［注：two by four method，19世纪中叶美国发明的简易木结构法，这也是带有美式风格的合理主义，因此是被“住宅展示场派”所接受的］ 外部装修：外墙 贴石棉瓦制的雨淋板 屋顶 用“殖民石棉瓦”修葺 内部装潢：地面 尼龙地毯［米色］ 墙壁 贴乙烯布［米白色］、橡木装饰 天花板 贴乙烯布［米白色］
建筑成本	52万日元／坪

“哈比达派”一定会产生这样的疑问。如果是“哈比达派”中的激进分子或许会断定说“这根本就是对私家住宅的盲目崇拜”。又或者会回答说“与其将人生耗费在偿还住房贷款上，倒不如就一直住在租赁的房子里”。实际上“展示场派”自身也是明白这些道理的，只不过他们所持有的态度是“世上总有理论解释不了的事物存在”[1]。“展示场派”与“哈比达派”有许多共通之处，他们也能完全理解“哈比达派”的合理主义。然而另一方面，他们又认为即使是合理主义也有无法解释的时候。譬如，他们会认为：“既然已经做到管理层了，再住集体公寓就太不像话了。”——这种想法是正确的，而同时他们也赞同：“只要有了土地，就会有说不出的安心感。”这种两面性、折中主义及现实主义，反映在了“展示场派”住宅的各个方面。

2. 殖民风格占主流

对于“展示场派”来说，住宅的外观是个大问题。“哈比达派”

[1] 莎士比亚的名句。

会说“受限于外观是不合理的”，而“展示场派”却并不能那样坚决地否定外观。他们明白外观有外观的意义，况且这还是他们“赌上一生”换来的住宅，无论如何也说不出“外观无所谓好坏”之类的话。

“展示场派”住宅的外观不会仅限于一种风格。参观展示场就会发现，在那个并不宽敞的空间里，各种风格的建筑百花齐放，争奇斗艳。但“展示场派”住宅的特色就在于“乱中有治”，尽管风格各异，但都会遵守一定的规范。这点也可以用来区别于“独门独院派”住宅和“清里食宿公寓派”住宅。“展示场派”住宅一定不是冷冰冰的“四方匣子”。预制装配式住宅时代，的确存在过这种样式的住宅，但随着住宅的商品化及买卖战略的复杂化，这种“四方匣子”[2]自然就被淘汰了。在四方匣子式住宅盛行的年代，建筑师还是经常参与决定“展示场派”住宅的风格，但随着四方匣子式住宅的衰退，“展示场派”住宅的世界也在逐渐远离建筑师，而开始向商人靠拢。不再是单调的四方匣子，但也并不是说就一下子变成了样式繁多的私家住宅。在变

---

[2] 这里指的是日本积水公司的"积水 Heim M-"系列住宅。由建筑师大野胜彦参与设计，是"四方匣子"风格的代表作品，但现在已经停止建筑。

化的过程中也要有一定的节制、维持一种步调，这种平衡感才是“展示场派”住宅的特色所在。

如今“展示场派”的主流是殖民风格的住宅建筑。殖民风格在前面的“食宿公寓派”中已经提到，指的就是殖民地样式的建筑，这是美国典型住宅样式的一种。住宅本体就像是个简单的四方匣子，“匣子”上再配以简单的人字形的屋顶，外墙被白色装饰板覆盖，窗子也很小；住宅整体都是在突出强调几何学形态。[1] 好在窗子是百叶窗，还能给单调的外墙添一抹亮色。对殖民建筑风格不成熟的模仿，以及符合日本特色的一些巧妙的改变——这些都构成了“展示场派”的一种主流。

但为什么一定要模仿殖民建筑风格，这种风格又为什么会成为“展示场派”住宅建筑的主流呢？答案是因为殖民建筑风格与“展示场派”一样具有两面性，这才是吸引他们的地方。殖民建筑风格本质上是典型的美国住宅风格，是纯粹的美式私家住宅，是美国文明的象征。而美国文明及美式的居住生活正是战后日本所憧憬的东西。而殖民建筑

[1] 在 16 世纪到 18 世纪，美国独立之前，殖民风格曾是美国所有建筑风格的总称，因此其中也不乏各色的建筑样式。除去主要的几种风格，还有新英格兰殖民风格［New England colonial］、西班牙殖民风格［Spanish colonial］、法国殖民风格［French colonial］、德国殖民风格［Germen colonial］、荷兰殖民风格［Dutch colonial］等，它们受本国建筑样式的影响，在材料、形态、细节上都有所不同。此处列举的形态上的特征是 20 世纪初期以后，作为郊外住宅样式广泛普及的殖民复兴建筑样式。这种建筑样式是以新英格兰殖民风格为原型，但它的百叶门格外显眼。

殖民风格的原型

简单的方形平面、倾斜度较大的人字形屋顶、维持整体几何学形态的小窗子是殖民风格的基本特征。

风格并非只象征着美国文化，它同时还具有明显的几何学形态，这点与现代主义建筑风格是相通的。这种几何学的特点其实是合理主义的象征。一方面象征着美国的风土文化，另一方面又象征着国际化的合理主义。正是由于这种两面性,殖民建筑风格才会被讲究平衡感的“展示场派”所接受。

美国住宅风格不只有殖民风格，还有用红砖外墙的“乔治风格”[1]，以及风靡19世纪末、混合中世纪风格和古典主义的安妮女王[Queen Anne]风格[2]。这些样式虽然都可以是美国文明的象征，但它们却没有殖民风格建筑与现代主义风格建筑共通的“白色几何学”特征。因此，尽管同为美式风格，它们却不被“展示场派”所接纳。

更有趣的是，作为殖民风格发源地的美国也发生过同样的事情。20世纪初，曾经最支持复兴殖民风格的阶层是住在郊外的新兴中产阶级,他们批判资产阶级的私家住宅,提倡殖民风格的“白色几何学”,同时对于氤氲其中的殖民时期的经典美国气息给予了很高的评价。从

---

[1] 参见“清里食宿公寓派”一章。

[2] 历史上，“安妮女王风格”曾两度出现，尽管名字相同，但前后两种建筑风格却完全不同。前者指的是18世纪初期的古典样式，基本还是属于英国的建筑样式，被称作是从英国向美国过渡初期的“乔治风格”，也就没有正式出现在美国的建筑史上。后者是19世纪末维多利亚时代的建筑样式，因此也被称作“维多利亚·安妮女王风格”，这种风格混合了中世纪风格和古典样式，与18世纪的“安妮女王风格”完全是两种不同印象的建筑风格。“维多利亚·安妮女王风格”虽然发源于英国，却在美国得到人们的支持，被广泛地应用于住宅建筑。

乔治风格

以古典主义为基础发展而来的建筑风格。以横向文字作为牌子名称的某住宅建筑商建成的漂亮的「乔治风格」样品房。

那时起，住在郊外的中产阶级就已经开始喜欢混合着合理性和美国气息的殖民建筑风格了。

解释了这么多，需要澄清的一点是，殖民风格并不能代表全部的“展示场派”住宅风格。有些“展示场派”住宅还会采用“都铎风格”[1]。虽然这原本是英国的建筑风格，但在美国的贝弗利山庄和好莱坞等高级住宅区，却经常能看到这种风格的“复制品”。还有些“展示场派”住宅是稍作修改地套用了弗兰克·劳埃德·赖特[2]的设计风格，这些商品房从宣传册上的平面图到预测效果图几乎都像是赖特的设计，这可以说是利用日本人“哈赖特”的国民特性专门制订的销售策略。

“都铎风格”的住宅和“赖特风格”的住宅，乍看上去相差很大，但仔细观察就会发现，它们之间其实是有共通之处的。那就是它们外墙贴的都是木制装修材料，这样才不会显得过于单调。将木制的骨架结构表现在住宅外部的建筑手法是日本木制建筑中的一种传统手法。采用这种手法可以使外墙显得更有层次感。石砌或砖砌的外墙是靠材

[1] “都铎风格”这个称呼其实是很模糊的。在美国，“都铎风格”指的是在20世纪初［1920—1940］都铎王朝时代非常兴盛的“都铎·复兴风格”，这种风格融合了“都铎风格”“伊丽莎白风格”“雅可比风格”，是被20世纪的美国翻版的英国中世纪住宅建造风格。这种风格的住宅外墙是“木骨架风格”住宅的锐角造型，善用木材和石材，日本的工业化住宅的建筑风格也可以说是这种“美式翻版”的再版。

[2] 参见“建筑师派”一章。

安妮女王风格

混合了古典主义和中世纪风格，风靡十九世纪末。但与郊外中产阶级的合理主义互不相容。

料与材料之间的空隙来制造层次感的，但如果换成喷涂装饰的外墙，就只能靠日本人一直以来惯用的木制骨架了。

尽管日本的“都铎”和“赖特”都是西方风格的翻版，但它们却获得了日本人的分外青睐。[1]“展示场派”住宅的两面性在此处也有表现——西洋私家住宅的浪漫小资与日本传统住宅的朴实无华，这两种截然不同的风格同时存在。若是要问如何才能做到这点，答案就在“都铎”和“赖特”的翻版住宅里。

“殖民风格”的翻版住宅也同样——既有西洋私家住宅的浪漫小资，又有日本传统住宅的朴实无华。首先是住宅的整体形态。正宗的殖民风格的一个特征就是整体的几何学形态。既无突出之处也无下陷之处的方形设计，再加上没有突出强调性的屋檐伸出的人字形屋顶，其简单的整体形态一目了然。而翻版的“展示场派”住宅，早在设计阶段就丢掉了“殖民风格”所奉行的单一性，而换成采用日本传统住宅设计中被称作“雁行”的复杂设计平面图。原本呈四

---

[1] 1893年的芝加哥哥伦布纪念博览会［World's Columbian Exposition］上，赖特参观了日本馆［过去称凤凰殿］之后，开始关注日本建筑，并且此后的建筑风格都受到了日本建筑的很大影响。考虑到这一点，赖特的建筑风格受日本人欢迎也是理所当然的事了。

美国二十世纪版的都铎风格

原本是英国都铎王朝时代的建筑风格。美国将中世纪的英国建筑风格统称为「都铎式」建筑风格，二十世纪以后将其广泛应用于住宅建筑。

方形的住宅，冷不丁冒出伸向外面的玄关，或是朝向庭院的和室。再加上日本传统的四面坡屋顶及深挑的屋檐，整个住宅的风格因这些变形而难以界定。渐渐地，人字形的屋顶失宠，顺滑的四面坡屋顶开始支配建筑物的外观。

翻版的“展示场派”住宅与正宗的殖民风格住宅还有一处很大的差异：“展示场派”住宅的南侧开口部非常大。“非常”，是与正宗的殖民风格建筑相比较而言，实际上日本传统住宅的开口部更大。正宗的殖民风格住宅窗很小——“punched window”指的就是窗的开口大小不过墙壁上的一个孔。虽然不一定是开口到地板的落地窗，但起码也是开到半壁的窗，这样才符合“展示场派”的要求。本来开口部的存在就已经破坏了整体的单一几何学形态，若是像“展示场派”住宅那样在南侧的开口部装上从地板到天花板的大型窗框，那么住宅整体的几何学秩序就被破坏殆尽了。不过好处是，日本人喜欢的阳光会因此而溢满整个房间。

弗兰克·劳埃德·赖特风格

白色的外墙上装饰着黑色的木骨架结构，这就是赖特从日本学到王的东西。「住宅展示场派」的住宅也同样沿袭了这种风格。

3. 西洋住居文化的宝冢式导入

“展示场派”住宅设计者的精明之处在于丝毫不怕采用折中手法。无论是风格的整合性还是几何学的秩序，他们从不会给予任何限制。这与宝冢歌剧的发展和木村屋豆沙馅的诞生都是基于同样的道理。宝冢歌剧曾经被抨击为“冒牌货”，但最终演变成日本人容易接受的形式。虽然原本的西洋风格改变了很多，但也正是因为借了宝冢歌剧的光，西洋歌剧才会像今天这样成为日本人喜闻乐见的一种娱乐形式。“展示场派”住宅也有着同样的发展历程，时至今日，西方的住居文化之所以能走进日本人的生活，也是“展示场派”住宅的功劳，而“展示场派”住宅成功的秘诀就在于以下四项原则：

第一，不怕采用折中手法。即使给“殖民风格”的住宅配以四面坡的屋顶及南侧面向庭院的大推拉窗，也不会觉得有何不妥。

第二，坚持引入“表象”。也许会有人批评说“西方人的生活不是这样的”“起居室原本不是这样的”“西方关于‘家’的哲学不是这样的”“西方的家居生活理念完全没有活用”……但“展示场派”对于这些完全不予理会，只是专注于住宅外观的引入。不知他们是否相信表象的变化会引起本质的改变，又或者他们从不去考虑本质的问题，甚至他们根本就认为本质是任何时候都不会改变的。如果说到本质的引进，那无论是建筑方面，还是在其他任何方面，日本根本就没有尝试过。就算有，也只不过是引进者之间的“本质之争”，并非正统的“宗家之争”。[1] 这些所谓的引进者，只不过是装作知道本质为何物的“信息引进者”。以“建筑师派”为例，那些建筑师们就是这样的信息引进者。

第三，打着“合理性”的幌子，卖西洋的“面子”[2]。这既是“哈比达派”的战略，又是“Denny’s”的战略。如果单纯卖看上去完全西化的东西，不会有很多顾客上门，至少“哈比达派”和“展示场派”的顾客不会登门的，原因是少了必不可少的“理论”；反过来，如果只有“理论”，也同样不会吸引很多人。人们的这点特性早就被展示

---

[1] 这里的意思是这些所谓的“引进者”其实自己都搞不清楚引进事物的本质究竟是什么，所以说他们之间会有关于“本质”的争论。而“宗家之争”指的是事物原本的出处，即对其本质知根知底的人们对于事物本质的争论。此处意在讽刺这些“引进者”对于本质的不懂装懂。[译者注]

[2] 这里指的是西式住宅的外观。[译者注]

场派住宅的建筑商给摸透了。给“展示场派”住宅加配的“理论”是批量生产得到的低价格、集结大公司开发能力得到的高品质和高性能。但能够吸引眼球的还是“展示场派”住宅特有的情调——西方的感觉。“合理性”只是必不可少的前提条件。“哈比达派”摒除了把家具作为装饰之用的不合理性，而把合理性当作招牌；“Denny’s”的卖点也是车站前的猪排店不会有的合理性。这些都是带着“合理主义”假面的“舶来品信仰”。

第四，最大限度地活用照片。也就是说，他们[1]制作贴满照片的宣传册子，并将其作为销售的武器。我们总是习惯在看到实物的时候先与之前看到的照片作对比，发现照片与实物一样之后才会满足。也就是说我们无法在没有任何提示的情况下马上看到实物。奥斯卡·王尔德［Oscar Wilde］[2]曾说过“自然是对艺术的模仿”[3]，到了今天这句话就变成了“现实是对照片的模仿”。“展示场派”住宅的宣传册子充分利用了人的这种习性。“展示场派”住宅的外观、内部装修，几

[1] “展示场派”住宅建筑商。［译者注］

[2] 奥斯卡·王尔德［1854—1900］：世纪末的英国文学家。虽然他的《道林·格雷的画像》很有名，但其实他思想的精华，就蕴涵在对这部作品进行批判的作品里。

[3] 这句话是体现了现代精神的一句名言。

乎都是以宣传册上照片里的样子呈现在人们眼前的。被美丽的白桦林包围的“我的家”：庭院里开满了当季的鲜花，车库里停的是 BMW；踏进房间会看到正在弹三角钢琴的女儿和坐在沙发上叼着烟斗的父亲，因为出场人物都是专业的模特儿，所以女儿无比可爱，父亲威严气派；房间里摆放的家具和小物件都是一等品；广角镜头里的房间显得格外宽敞。即使是去看现实中的样品房，也与在宣传册的照片上看到的情景并无二致。而且如果购买了这所住宅，就会产生一种错觉，以为拥有了这所住宅就能拥有照片上所描绘的生活。

曾有人说“展示场派”住宅的独创之处就在于房子建成之前就能知道建成的样子了。如他所说，如果委托建筑师或是工匠师傅，在房子建成之前是不会知道建成什么样子的。事实上，这种理论是完全错误的。“展示场派”住宅的独创性在于，它拥有一种让你产生错觉的技术，让你不会觉得建造起来的房子跟预想的不一样。而这种技术实际上是巧妙地利用了现代人对照片的信赖。如果在此套用“翻版”的说法，那么“展示场派”住宅其实不再是“殖民风格”或“都铎风格”住宅的翻版，而是宣传册上照片的翻版。在制作宣传册的时候正是以给顾客留下最好的印象为目的来进行产品开发的。这时采用的方法就是映像技术了。“展示场派”住宅最拿手的既不是特殊构造，也并非新型材料，而是这种“映像技术”。

正是依靠以上四项原则，“展示场派”住宅才得以推广，西方的住宅文化才得以进驻日本人的生活。本书并不是以评价这些原则的功过为目的，但有一点是明确的：它完全否定了某些建筑师存在的理由。这些建筑师就是西方住宅文化的“引进者”。他们现在已经是“平行进口者”了，单靠引进业务是无法在买卖中取胜的，或是加点“艺术”品味，或是顺带兜售一下“人品”，“平行进口者”已经被迫面临新的形势了。

4. 公私空间的分离

“展示场派”住宅在设计上的原则是保持两面性和平衡的感觉。

“住宅展示场派”表面特征表

	特色语言	表面特征的媒介	语言的象征
表层 [外观的特点]	白色、单一的整体形态	殖民风格 几何学	美式私家住宅 合理主义
	涂装外墙和木骨架结构的对比	都铎风格、弗兰克·劳埃德·赖特的风格	西式私家住宅
		日本的传统	日本家庭的朴实无华
用途安排 [设计上的]	公私空间的完全分离		对“公”的生活[公司]的重视，对“私”的生活[孩子的]的重视
空间 [有特色的房间]	宽敞的起居室、火锅店风格的和室		对客人细心周到的接待[卡拉OK、家庭聚会、新年活动]
	充实的孩子房间		对教育的重视
内部设施 [有特点的小东西]	家庭用卡拉OK设施		对“公”的生活[公司]的重视
	家庭保安系统		合理主义、机能主义
动作姿态 [行为特征]	家庭聚会		对自己住宅的夸耀，对“公”的生活的重视

首先“展示场派”住宅一定要是双层建筑。尽量缩小占地面积是日本建筑的总原则，如果要在狭小的占地面积上建一所内外建筑面积达到30坪的住宅，那必然就是双层建筑。而且一层和二层还是截然不同的两种空间。再次引用“净”空间与“不净”空间的说法，则一层相当于“净”空间，而二层相当于“不净”空间。一层是包括了起居室、餐厅、厨房、客用盥洗室的公用空间，二层则是包括了主卧室、孩子的房间、家用盥洗室的私人空间。“咖啡吧派”习惯在“不净”空间上加个“盖子”然后对它们视若无睹；“哈比达派”不喜欢掩饰，他们会利用合理主义的理论将原本“净”空间与“不净”空间的分类原则打翻，再重组；而“展示场派”则会重新评估“净”与“不净”的空间意义，在将两者明确区分的基础上重新安排一层与二层的空间配置。

这样的分配方式是“展示场派”家庭观的正确反映。一层仍然是“公”的生活空间，只不过“公”的意义有所出入，不是指家庭成员聚会、聊天、团圆的“公用”场所，而是招待客人［确切地说是户主公司的同事们］的“公共”场所。如果考虑一下“公”这个词在日本所担任的角色，就可以理解这种现象了。安永寿延曾指出，在日本，“公”的概念原本不是指“大家的东西”，而是指“主子的东西”。[1] 这点也可以从“公”的词源上看出。“公”的词源是“大家族的场所”，即共同体中首领的神圣居所，也可以说是神仙到人间来的下榻之处。这是最能表现“展示场派”住宅实情的比喻，就好比二层是家庭成员的住所，而一层则是招待对家庭成员来说，占据着“神”的地位的户主公司同事的场所。起居室里的洋酒和立体声设备是必需品，有时还要有卡拉OK机。这些都是为“招待客人”准备的。在此禁不住又要提起小此木启吾的“旅馆式家庭”[2]。他指出，在“旅馆式家庭”中，所谓的家只不过是像旅馆的客房那样的私室集合体，其中缺少可以相互交流的私人场所。这倒不如说是点中了“展示场派”住宅的要害——本该作为家庭成员之间交流场所的住宅一层，却被奉为了“公共”场所。

---

[1] 安永寿延，《日本的〝公〞与〝私〞》，日本经济新闻出版社，1976 年。

[2] 参见〝单身公寓派〞一章。

最能表现“展示场派”住宅一层的公共特性的房间要属一层的和室了。无论住宅的外观是殖民风格还是都铎风格，“展示场派”都会腾出一间屋子作和室。但这并非出于日本人对日本文化的热爱之情，而是因为现在和室在日本已经成为了公认的待客用房间。几乎没有家庭成员专用的和室，多数情况下和室是作为“公司的各位”或者亲戚们的接待场所。

“展示场派”住宅的和室，有时室内的柱子并不是原木色，而是喷涂成黑色。这样做的一个很现实的理由是为了掩饰廉价的建筑材料，而且黑色涂装也不容易沾上污垢，易于保养。还有一个理由是黑色涂装使和室看起来就像是火锅店。比起有些死板的料亭[1]，“展示场派”认为火锅店里的招待要更为轻松一些。

“展示场派”住宅二层最有私人空间感觉的是孩子的房间。其实养育子女才是“展示场派”隐藏的主题。养育子女对他们来说是何等重要的一件事，从住宅的宣传册子上就能看出。只要瞥一眼手头某住

[1] 即日式酒家。[译者注]

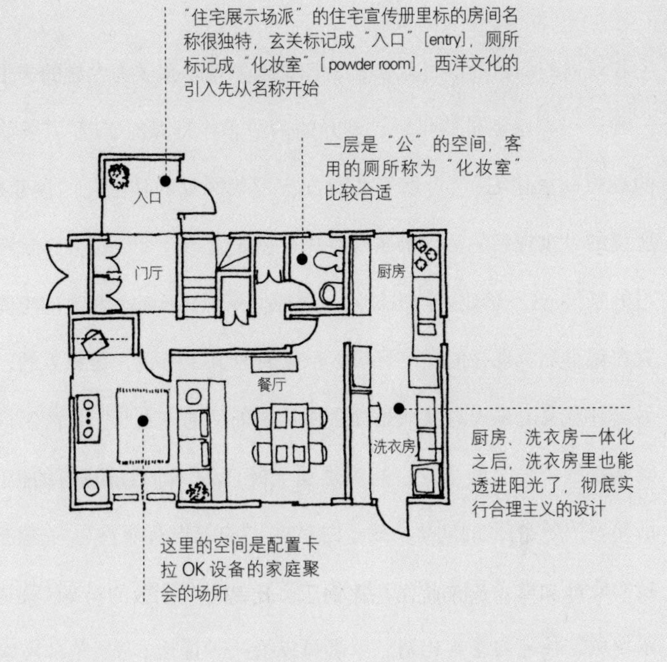
N
“住宅展示场派”的住宅宣传册里标的房间名称很独特，玄关标记成“入口”[entry]，厕所标记成“化妆室”[powder room]，西洋文化的引入先从名称开始
一层是“公”的空间，客用的厕所称为“化妆室”比较合适
入口
门厅
厨房
餐厅
洗衣房
厨房、洗衣房一体化之后，洗衣房里也能透进阳光了，彻底实行合理主义的设计
这里的空间是配置卡拉 OK 设备的家庭聚会的场所

一层平面图

二层平面图

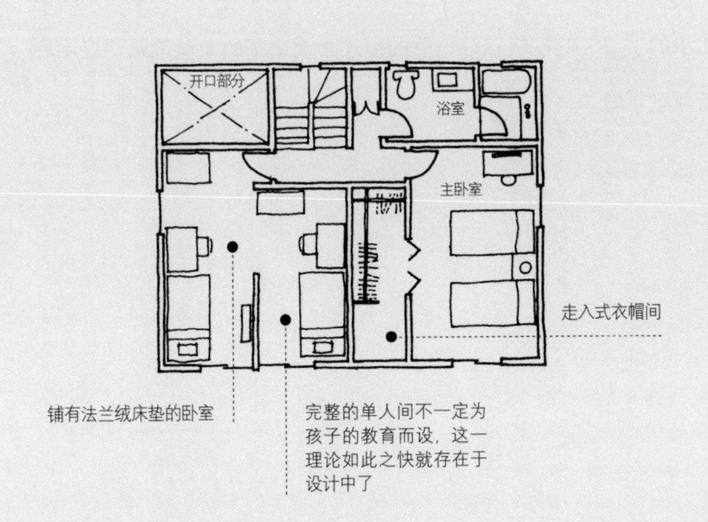
开口部分
浴室
主卧室
走入式衣帽间
铺有法兰绒床垫的卧室
完整的单人间不一定为孩子的教育而设，这一理论如此之快就存在于设计中了

宅建筑商的综合商品目录，就会惊奇地发现以孩子为专题的类型就有三种——“感觉虽然年轻，却开始为孩子作打算的家庭”“养育子女的理想高级住宅”“可以养儿育女、三代同堂的住宅”。“展示场派”所说的“重视私生活”的实质性内容就是营造一个“不会打扰孩子学习的家”，这不禁让人产生疑问，对他们来说真正的“私人的空间”究竟在哪里呢？现存的住宅环境，从某种意义上来说，是私人的，但从另一种意义上来说，又只是社会所需要的新的“人脉”生产工厂。这其实是极“公”的东西，其实是基于极“私”的目的进行的极“公”活动。“私”的目的就是“孩子的幸福”“自己老有所依”。一层是“卡拉 OK 吧”和“火锅店”,二层是“预备学校的宿舍”——这就是“展示场派”住宅的基本构造。或者可以换一种说法：一层是都市娱乐设施的缩略形态，二层则是都市生产设施的缩略形态。能够将日本住宅文化中的“公”的性格以最精练的形式表现出来的大概就属“展示场派”住宅了吧。

07

独门独院派

1. 房产信仰的物象化

在日本，一幢幢建好后用于出售的住宅并排而立的景象，可谓是一道特色风景。就在那小得惊人的占地面积之上，一幢又一幢的两层住宅紧紧相连。这恐怕是日本人房产信仰的最好表现了。不管是多小的土地，都想买来建自己的“家”，这样的心情很好地诠释了这种住宅风景。这样看来，“独门独院派”既不同于住宅展示场派，又跟哈比达派处在了对立的位置上。而展示场派正好处于“哈比达派”的“合理主义”与“独门独院派”的“信仰”之间的折中地位。就从字面来理解，房产信仰的“信仰”所含的心情是复杂难懂的，这其中自然就会包含很多不合理的因素，在“哈比达派”的合理主义者看来，“房产信仰”容易变成一种单纯的目标、诱饵。不过细想一下，住宅光靠合理的思考与判断是建不成的，也需要一些潜意识领域里的象征手法、图形等来完成。这也是本书在分析各派别时使用的原则，并不是非要给“独门独院派”安上“信仰”“宗教”的头衔。

2. 以看到实物为前提的商品

“独门独院派”跟“住宅展示场派”可谓是亲戚关系，因为它们都是靠“房产信仰”来支撑的。为了满足这种“房产愿望”，房地产商提供已经建好的商品来供人选择。虽说是亲戚关系，但也不是说大部分地方都相似，两者还是有着很大差异的。是什么造成了两者在形式上的差异呢？主要是两者在销售时使用的宣传媒介不一样。[1] 也就是说，“展示场派”有宣传手册这一武器，而独门独院派的住宅就没有。如前所述，宣传手册在展示场起到了很大的作用，它将住宅的形象展示出来，又将这种设计形象卖给了人们。而独门独院派的住宅就没有这种媒介，想买一幢建好的住宅的话，就必须赶赴现场看实物，拍照片也不行。这的确成为独门独院派住宅销售时的一大弊端。但即

[1] 独门独院的住宅因为没有商品目录，所以 icon 泛滥。坂本一成对此在《建筑文化》1985 年 8 月号的〞住宅的所有对象〞一文中作了精辟的分析。〞icon〞一词来源于希腊语，是〞形象〞的意思，后主要用于基督教，表示圣像，现在专指〞图像〞等一般意思。

便这样，住宅还是卖得出去，这又是为什么呢？因为所谓独门独院住宅，是建好后供出售用的住宅，是以“看到实物”为前提的商品［住宅］制造。在此出现了一个明显的颠倒：不是先有实物，再有承载这个实物的媒介；而是先有媒介，再决定用哪种实物来表现这个媒介。实物是由媒介的形式来决定的。过去那种“住得舒服”的价值基准已经不起作用，况且也没有一个衡量住宅好坏的伦理价值基准。不管是展示场派”住宅，还是独门独院派住宅，不过都是房子卖出去之前的替代物。这样一来，住宅就被指定为一种销售媒介了。

3. “靠种类取胜”的销售战略

那么，这种以“看到实物”为前提的商品制作究竟是什么呢？一句话概括就是，靠种类取胜的商品制作。在销售以照片为媒介的空间时，是不需要“种类”的。例如，即使是在“什么都没有的空间”里，也可以对光照状态、登场人物，甚至是一个小的装饰物进行巧妙的选择、布置，并通过照片将强烈的视觉效果传达给看的人。但是，在“看实物”的时候，“什么都没有的空间”就真的是什么都没有，这跟空间不存在商品价值是一个道理。这时候，要想增加空间的价值，就必须要增加种类，必须让每样物品都能够深深吸引顾客。

“靠种类取胜”的方法首先可适用于外观。要丰富外观，也就要“丰富种类”，重新审视杂乱、不良情趣等风格。在玄关外壁原本是米色大理石的基调上，在角落里突然贴上深蓝色的瓷砖，这就是一种增加种类的方式。在和风的屋顶上开一个法式风情的三角窗也是一种方法。这种丰富外观的思考方法就好比是，花同样的钱买同样的东西时，当然是品种多一点的为好。

4．“多种类”的设计与室内设计

从设计上看，“丰富的种类”可以靠增加房间数量来实现。我们先不去管每个房间的功能、大小，也不是像“展示场派”那样，严格

"独门独院派"简介表

思想体系	浪漫现实主义
派别分类来源	《美丽的房间》
参考建筑样式	复杂多样
地址	从京滨东北线蕨站［地名］乘公车15分钟后， 步行5分钟
居住情况	连同地皮买下的独门独院
家庭构成	丈夫，40岁，某信用银行职员 妻子，38岁，兼职 女儿，15岁 儿子，10岁
占地面积	29坪
楼地板面积	29.3坪
主体结构	主体构造：木造 外部装修：大理石灰浆喷涂 内部装修：地板 化纤地毯［深红色］ 墙壁 乙烯布［花色］ 天花板 同上
建筑成本	28万日元／坪

区分公共与私人空间，但有一个必要条件：将一个房间设计成和式风格。只有包含不同品种时，种类丰富的感觉才会明显。

进行室内设计时，可以在多个地方展示品种的丰富。例如，在玄关三和土[1]的部分用上意大利风格的瓷砖，在角落里放一个用秋田杉木做成的鞋柜，玄关左侧就是通向客厅的门，木门上部做成弧形拱门的形状，在南洋杉木上喷一层油渍着色剂[2]作装饰。以门为界限，在客厅和玄关铺上不一样颜色的地毯。在家中铺设不同颜色的地毯，也是“丰富种类”的一大要点。玄关右边是通向二楼的楼梯，扶手、栏杆[3]是名为“爱德华”的现成商品，上面还饰有线脚。在柳桉木上喷红色的油漆，之前说的鞋柜用的朴素杉木，跟客厅门上厚重的褐色搭配在一起，形成绝妙的和谐感。像这样，“丰富的种类”蔓延开来。

5. 住宅与媒介

这个“种类的多少”问题，不单单是与“展示场派”“独门独院派”

[1] 用土和混凝土做成的水泥地。

[2] 用于木材着色的一种着色剂。

[3] 扶手下垂直的部分。

两者相关的问题，任何派别的住宅都会关系到这个问题。种类的问题，其实是“住宅与媒介”的问题。

“展示场派”的宣传手册，究竟作为一种怎样的媒介而存在呢？它其实是起到向人们教授“空间见解”的作用。这时，照片就发挥了很大的作用——“请根据照片上照的内容来看这个空间”，这样的指示正是宣传手册所起的媒介作用。我们也可以把这种作用理解成“象征”。教授“空间见解”就是规定了象征作用的方向。假设在“展示场派”的宣传手册中有这样一张照片：一次家庭聚会中，宽敞的饭厅里，一群高雅的人正喝着香槟愉快地交谈着。看着这样一张照片，你就在不知不觉中，被告知了人们在这种空间中象征着什么，这个设计象征了什么，这个吧台象征了什么，这张沙发象征了什么，这盏灯象征了什么。这样一个告知的过程，指明了象征作用的方向，换句话说，就是告诉了你这些象征作用的密码是什么。

在此，我要再次使用在“分类的前提”一章中提到的、场所的中心象征作用这个概念。在日本，象征作用指的是有着场所中心象征作用性质的东西。所谓场所的中心象征作用，就是对象 A 象征什么，这不是由 A 本身来决定，而是由 A 所在的“场所”来决定。很普通的日用品，如果放到“茶道世界”中去的话，立刻就会变成尊贵的东西，这就是一个很好的例子。前面提到的宣传手册的作用，不过就是限定了场所。有了这样的宣传手册，即使是很普通的房间，都会象征出高贵的“家庭聚会”或者“家庭聚会的感觉”。

然而，独门独院的住宅就没有像宣传手册这样的媒介。没有了规定“场所”的媒介，人们就只能靠自己去判断摆放在那儿的物品都象征着什么，并且只能靠个人的理解去判断。物品不会自己说话，如何让其表现出自己的“象征意思”就变得极为重要。因此，独门独院派住宅中使用的元素都很生硬，也是这个理由。

媒介所起的重大作用并非局限于展示场派住宅。例如“建筑师派”就将“场所”限定在了建筑杂志这个媒介上。规定“场所”其实

“独门独院派”表面特征表

	特色语言	表面特征的媒介	语言的象征
表层 [外观的特点]	蓝色的西班牙风格瓦片玄关，贴着蓝色瓷砖的墙壁凸窗，玄关角落里的盆栽	种类之多	高价物品 [住宅]
用途安排 [设计上的]	房间的数量	种类之多	高价物品 [住宅]
空间 [有特色的房间]	位于客厅的楼梯间		生活上的工夫
内部设施 [有特点的小东西]	合成木材制的鞋柜	种类之多	高价物品 [住宅]
	柳桉木装饰过的扶手栏杆		
	带玻璃的木制门框		
动作姿态 [行为特征]	变换各种样式		生活上的工夫

是决定了在那个场所里起象征作用的密码。放在起居室里的麦金托什 [Charles Rennie Mackintosh][1] 椅子，不算是什么稀奇的东西，但布劳耶 [Marcel Breuer][2] 的椅子就象征着现代主义。在后现代主义盛行的今天，已经没有什么是稀奇的了，这也已经成为一种“约定俗成”，这时，就需要一种新的媒介。而要决定这种约定俗成，只能靠确定“场所”，再确定象征作用的方向性。当然，这种“约定俗成”只能在限定的集团范围内发生效用。有时，在这个限定了的范围内，人们也会搞错，产生错觉，甚至认为范围以外的人也会懂得这种约定俗成。

本书将住宅风格以 ×× 派别来划分，就是为了弄清这种构造。这种构造就是指一定的集团利用自己固定的媒介，来指定“场所”[象征作用的密码，即“约定俗成”]，再根据这个“场所”的惯例来决定该集团的住宅风格。在“建筑师派”的集团里，这个媒介就是建筑杂志。在“哈比达派”里，媒介是室内装潢产业发布的大量商业广告 [有时是映像作品形式，有时是照片形式]，或是刊登室内装潢广告的杂志，而其他各派别

---

[1] 麦金托什 [1868—1928]：英国建筑家。将独特的几何学形态与新艺术派的曲线相结合，确立了自己的表现方式。他因设计独特的家具而声名远扬，特别是他设计的高背椅、卡西尼卫浴公司的复刻品，都很有名，并且很快普及起来。

[2] 布劳耶 [1902—1981]：出生于匈牙利的建筑家。先在包豪斯学习，后去了美国，在哈佛大学的建筑教育下取得杰出成绩。他于包豪斯时代设计的钢管椅子 [最初于 1925 年设计] 至今仍然在广泛销售。

「独门独院派」住宅平面图

楼梯一上来的地方有间宠物室，养着小鸟，增加了房间数

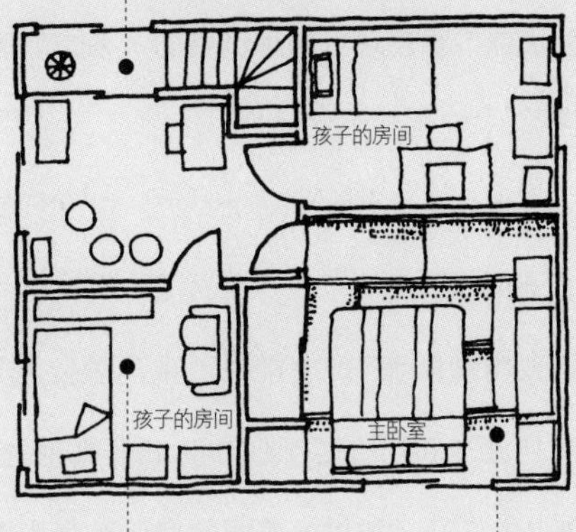

楼梯一上来的地方就有一个孩子的房间

在榻榻米上摆一张双人床，体现对生活的重视，现实主义的象征

一层平面图

二层平面图

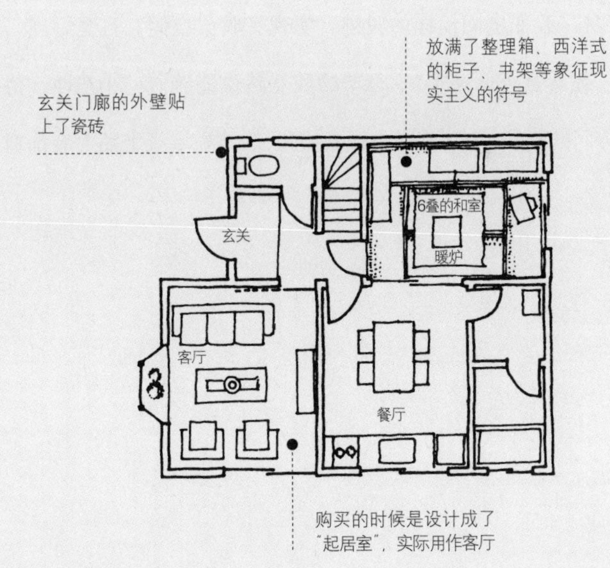

也有着属于自己的媒介。上面这张表［见 191 页］显示的部分内容可能有点夸张、戏剧化，但媒介就跟没有实体的彩霞一般，在很大程度上规定了住宅的现实状态。要表现出这种倒错的关系，夸张跟戏剧化恐怕是最有效的方法了。

6. 文学媒介指定的场所

让我们回到“独门独院派”。之前说“独门独院派”没有媒介，那是相对于“展示场派”利用宣传手册作为武器来说的。其实，“独门独院派”也有自己的媒介。如以《美丽的房间》为代表的室内装饰杂志，就是他们的媒介。《美丽的房间》跟其他杂志的不同之处在于，读者改建住宅的实例要占到很高的比例。例如，有这样的改建实例：“壁橱大变身是改变房间模样的关键。实现了收放空间，真是好高兴啊！”——佐贺县佐藤家；“手很笨的我竟然也能够做些小东西，协调着改变房间的样貌了。”——山口县山田家；“在墙纸上贴上装饰物就解决了以前的问题。”——东京都铃木家。像这样的经验介绍都配着图片一起刊登。光靠插图也是不够的，跟其他的室内装饰杂志、建筑杂志中“华丽”的插图相比，这些根本算不上什么。像建筑师设计派的杂志中经常刊登美艳惊人的图片。然而，《美丽的房间》的读者们在意的并不是这个，20 万的发行量就能说明这个问题。它的读者［大部分都是女性读者］追求的并不是视觉效果，而是将其作为一种文学媒介在读。改建住宅的实例，就如同“个人小说”一般，讲述的都是作者怎样利用自己的力量处理生活的故事。独门独院派指定的“场所”，实际上就是《美丽的房间》所代表的文学性质的媒介。从《美丽的房间》中我们学到了如何构建一个由文学媒介规定的空间。[1] 在那样的“场所”里，相比麦金托什的椅子，还是坚韧地处理好现实生活的态度最有价值。

---

[1] 建筑杂志在某种意义上可以说是“文学的”媒介，《被唾弃的时代与奋斗着的建筑家》便是这种文艺杂志中人气最高的一篇。

08

俱乐部派

1. 门槛高的空间

与银座的俱乐部类似风格的住宅叫做“俱乐部派”。俱乐部跟住宅，乍看之下似乎没有什么关联，甚至在感觉上是完全对立的空间风格。住宅是日常的，当然也是家庭的，一般都没有太多修饰。相比之下，俱乐部是非日常反家庭的。那所谓俱乐部派，是在俱乐部的空间里采用住宅风格呢，还是在住宅空间里采用跟住宅截然不同的俱乐部风格呢？在这里，我们又不得不提到象征作用这一概念。俱乐部风格在住宅中也是起到象征一个什么东西的作用。那这个东西又是什么呢？

其实就是空间的排他性，或者也可以说是给空间设置一个较高的门槛。更通俗一点说，就是不容易进去。俱乐部空间靠下面这些构成来提高自己的门槛，实现其空间的排他性。第一是通过货币来设置屏障。大家都知道，俱乐部是一个非常耗钱的地方。光坐在那儿可能就要花去好几万日元，靠这种体系来选择客人，自然就实现了空间的排他性。第二是设置建筑空间上的屏障。所谓设置屏障，就是在通往俱乐部的路上设置难关。商业空间的设计绝不会将通道简单易找、标识明显作为一般原则。相反，设计者们偏好复杂的通道，特意设计得让人觉得会迷路。想象客人在银座外表看似简单的大楼里寻找一家俱乐部的情形。从一楼到顶楼，隐藏着无数家俱乐部。客人沿着狭窄的扶梯，屏气凝神上了一层楼，却又要沿着昏暗寂静的走廊往下走去，在那些并排紧闭着的大门中间，好不容易才找到自己要去的那家。设计这样复杂难解的通道，并非出于无奈，而是由于这是实现空间排他性的最佳方案。在住宅里模仿俱乐部风格，也正是为了象征空间的排他性，以显示出住宅的高贵。

2. 高级公寓风格的外观

俱乐部就介绍到这儿，下面我们将目光放到“俱乐部派”的住宅上。“俱乐部派”住宅究竟有什么样的特征，它跟俱乐部的相似之处又在哪儿呢?

首先是外观。“俱乐部派”住宅在外观上有一个弱点。因为作为模板的银座俱乐部并没有外观，高楼里的承租房也是不具备外观的。然而，一座独门独户的住宅是必须要有外观的。这时候，就需要其他的模型了。采用“高级公寓[1]风格”的理由，跟采用“俱乐部风格”的理由是一样的。因为两者在空间上都具有排他性，并且在排他性上的构成也是一样的，即都靠货币来设置空间屏障达到排他的效果。买得起高级公寓的人是有限的，而且应该比能够在俱乐部游玩的人更为有限。这种靠货币建立起来的屏障，补充了建筑上的空间屏障。这就是高级公寓与俱乐部在空间排他性构造上的共通点。

于是，高级公寓的外观就成为了俱乐部派住宅的标准式样，但并非都是很“醒目”的外观，因为高级公寓是为不特定的多数买家设计的，基本方针就是“要迎合大多数买家的喜好”。在这种原则下，设

[1] 一套卖到一亿日元以上的公寓。

计难免会受到局限，变得保守，直接结果就是，“俱乐部派”住宅虽然是个人拥有的住宅，却有着保守的外观。

3．深藏不露的手法

即便是豪宅也采用保守的外观，这是日本建筑的传统。像江户时代的武家宅邸，就不是靠外观排场来表现其建筑本体的，而是通过安排庭园、围墙、建筑物的布局来显示建筑本身的风格。换句话说，通过庭园、围墙来“深藏”建筑，展现建筑风格，实现其排他性。与此相反，西欧建筑则是通过别具匠心的外观设计来表现它的风格及排他性。日本的这种建筑传统还是在俱乐部派中很好地保留了下来。银座俱乐部通过设置复杂的通道展示其高级风格，也是这一传统在实际中的运用。俱乐部派建筑的内部空间设计“深藏不露”的基本态度，也是日本的一种传统。

话是这么说，但由于建筑的占地面积越来越小，过去这种纤细精

“俱乐部派”简介表

思想体系	社用主义［译者注：一种挥霍主义］［洋酒派］
派别分类来源	俱乐部的对话、《PRESIDENT》《财界》 《东洋经济周刊》
参考建筑样式	度假屋、洛可可、20世纪60年代的现代主义
地址	从东横线田园调布站步行6分钟
居住情况	连同地皮买下的独门独院
家庭构成	丈夫，54岁，某服装厂老板 妻子，46岁，全职主妇 女儿，28岁，单身 祖母，80岁
占地面积	75坪
楼地板面积	58坪
主体结构	主体构造：钢筋混凝土 外部装修：石器瓷砖［注：瓷砖的一种，有砖瓦的质感］ 内部装修：地板 铁平石，上铺长绒地毯 墙壁 石器瓷砖［白色］ 天花板 岩棉吸音板
建筑成本	120万日元／坪

练的“深藏不露”技法，大部分也已失传。而俱乐部派中保留下来的“深藏不露”的手法，正朝着矮小化、现实化的方向发展。例如，他们喜欢在车库跟玄关之间做一个通道。而在西方，人们不会把车库跟玄关看作是建筑的一部分。房子是越大越好，车库是司机的领域，也就是使用者的领域，这是他们的传统。[1] 但是，“俱乐部派”就通过设计一条通道，将车库跟玄关连接了起来，这正是“深藏不露”的手法之一，这样一来就展现了自家的名车，从而扩大了住宅本身的排场。这样一个通道，不仅起到了车道的作用，更是充当了一个重要的建筑小道具。

想要达到“深藏不露”的效果，还有很多方法。值得一提的是，日本的独门独户住宅特别偏爱围墙。相比之下，美国郊区的别墅就完全没有设置围墙，这是一个巨大的差别。还有，在日本，门牌、邮箱等都挤在了玄关入口的狭小空间里，连过道这样的狭窄空间里也布置了盆栽。这些虽然都是矮小的，甚至看上去很吝啬的外观，却是日本传统空间技法的产物。

---

[1] 纽约的高级公寓竟然不配备停车设备，售价为 700 万日元以上的公寓也不包括停车空间。对汽车基本认识上的不同，造就了建筑设计的不同。

4. 俱乐部是家庭理想化的复本

下面我们来看一下俱乐部派的室内装潢。俱乐部派的室内设计是以银座的俱乐部空间为模板的。这是俱乐部派的基本理念。现在的住宅空间，都将住宅以外的空间作为自己的模板——这也是本书的中心题目。“单身公寓派”以酒店为模版，“清里食宿公寓派”以公寓、“咖啡吧派”以咖啡吧、“俱乐部派”就以银座的俱乐部为模版。原本的住宅空间式样，如今都受到了各种商业空间模式的影响，这也是本书想要分门别类来说明的。

其实我们可以看到一种逆向的模仿。也就是说，俱乐部空间其实是模仿住宅空间设计的。最有力的证据就是俱乐部里女性的独特形象。这种形象跟交际场所的女性截然不同，俱乐部里的女性提供的是一种服务，就像妻子在家里给丈夫提供服务一样，这也是一种理想化的模版。只要张口说“湿毛巾”，对方就会立刻递过来，甚至都没说，对方就察觉到，这种服务正是家中丈夫对妻子所期望的。俱乐部里提供的服务都是非常周到的，然而现代家庭中却没有这样的服务。俱乐部里的女性其实是以理想的妻子形象为模版，只要看看她们的着装就知道了。客人们不会喜欢过于华丽的衣服，俱乐部的女性一般都穿着迪奥、圣罗兰、香奈儿等有着贵妇人风情的服装。

俱乐部是以理想家庭为模板这一点，可以从室内装饰的各个方面看出。基本的空间构成就是以住宅中客厅形态为模板的：矮矮的茶几旁边围着软软的沙发，地板上铺着长绒地毯，墙壁、天花板都选用了诸如砖瓦、木头、皮革、布这类有着柔软质地的装饰材料。低的桌椅，低的天花板，让人感觉被一种容易亲近的环境包围着，没有了权威感，也就不会感到被排除在外。[1] 再加上所有的东西都沐浴在一种暖色调中，“舒适放松”的画面，就通过这些室内设计表现了出来。从某种意义上说，这种室内装饰比真实的家庭还要有“家”的感觉，毕竟家里没有穿着香奈儿的妻子，这种室内装饰条件下的家庭感，是在任何现实里都找不到的。

---

[1] 也可以说，这跟俱乐部本身空间狭小、天花板低的绝对条件有关。

"俱乐部"表面特征表

	特色语言	表面特征的媒介	语言的象征
表层 [外观的特点]	砖瓦、瓷砖装饰的外壁，角落里的开口	高级公寓	排场、排他性
	气派的围墙		排他性
用途安排 [设计上的]	不存在的私人房间		没有私生活 [不需要抚养孩子]
空间 [有特色的房间]	豪华的客厅	银座的俱乐部	排场、高级、一流
内部设施 [有特点的小东西]	软软的地毯，青铜镜子，高级洋酒，创意烟灰缸	银座的俱乐部	排场、高级、一流
	青铜门牌		排场、排他性
动作姿态 [行为特征]	喝酒时向客人建议加水的喝法	银座的俱乐部	排场、高级、一流

5. 迪士尼乐园的家庭版

这种现实的欠缺性又是从何而来呢？那是因为俱乐部是用金钱建筑起来的。用金钱才能创造出高级感，才能显示出排场。于是才会摆上有创意的沙发、有创意的烟灰缸，沙发都是皮革的，女性穿的都是香奈儿的套装。建筑家查尔斯·摩尔［Charles W. Moore］[1] 对于迪士尼乐园有过这样的评价："在洛杉矶，街道是存在的，但人们没有把它当作一种文化。现在，为了体味这种文化，人们不得不买门票去迪士尼乐园。"[2] 这种批判不仅适用于迪士尼，同样也适用于俱乐部。俱乐部派的人们［或许就是我们］体会不到家的感觉，就买高价门票去俱乐部里体会。迪士尼代表的不一定就是街道，那俱乐部代表的也就不一定是家庭；迪士尼是缺乏现实感的街道复本，那俱乐部就是缺乏现实感的住宅复本。这既是复本的宿命，也是需要金钱、需要入场费的空间的宿命。

然而话题并没有结束。"俱乐部派"还是有发展前景的。也就是

---

[1] 查尔斯·摩尔［1925—1993］：现代美国的代表性建筑家。建筑作品都是美国风格，特别是加利福尼亚的传统风格，1965 年到 1974 年于耶鲁大学执教，作为一名理论家、建筑教育家而发挥着巨大的作用。

[2] "You have to pay for the public life", *Perspecta*, 9 / 10。

「俱乐部派」住宅平面图

围墙是象征排他性的重要词汇。

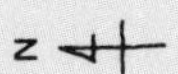

这个"通道"展示着房子的排场

停车场、汽车是重要的建筑小道具

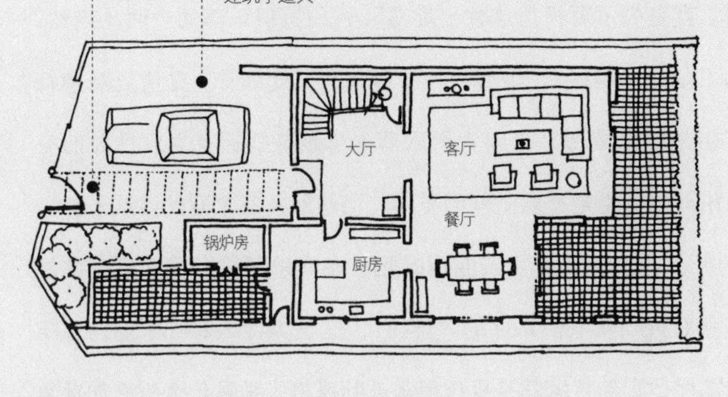

一层平面图

二层平面图

祖母的房间

女儿的房间

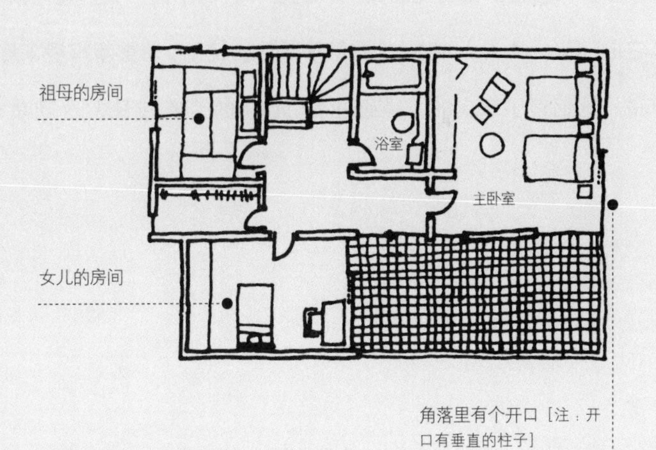

角落里有个开口［注：开口有垂直的柱子］

说，原本是家庭复本的俱乐部风格，还可以成为被住宅模仿的对象。而为什么，实实在在的家庭必须要模仿这种假冒的家庭、迪士尼式的家庭呢？让我们回到本章节的开始部分：俱乐部是门槛高、“难得”的空间。就是为了要模仿这种“难得”，才仿造俱乐部的空间。当然，模仿的不仅是“难得”。难得的、门槛高的到处都有。之所以从中特意选了俱乐部来模仿，是因为俱乐部本身是特别拥有家庭性质的空间。俱乐部本身也是家庭空间的复本，当然就具备家庭的性质了。

为什么会出现如此复杂的情况呢？在俱乐部可以找回家庭的温馨，在家庭可以获取俱乐部的“难得”，这是为什么呢？家庭的风格被俱乐部模仿，然后家庭又模仿俱乐部的风格，又是什么引起如此复杂的过程呢？原因只有一个：俱乐部派已经完全忽略了家庭本身所具备的“难得”特性。因为是日常的、近在身边的东西，我们就渐渐忽视了它的“来之不易”，必须通过俱乐部这面镜子，来重新审视家庭。可以说，这面镜子照出的，是通过货币换来的“来之不易”。用货币换算得来，带有“难得”印记的风格，正是俱乐部派的风格。我们还需要再将这种印记带回到家庭中去。如果说迪士尼乐园在镜子上照出来的是“街”，那么俱乐部派在镜子上照出来的就是“家”。

09

日式酒屋派

1. 跟俱乐部派是孪生兄弟

采用像高级日式酒屋的建筑风格的住宅，被叫做“日式酒屋派”。日式酒屋与俱乐部有着像孪生兄弟一样的关系。暂且就把这对“兄弟”的“父母”看成迪士尼乐园。如果说迪士尼乐园是“街道”的替代品的话，那么日式酒屋跟俱乐部就起着“家庭”的替代品的作用。而我们不惜花重金去改变家庭的形状，也就是将“家庭”商品化，通过货币这面镜子来照射出“家庭”。而且这种被商业化的“家庭”风格，又被家庭本身采用。其结果就产生了“俱乐部派”住宅，以及“日式酒屋派”住宅。

首先，让我们来看看高级日式酒屋的风格是什么样的。

2. 日式酒屋的和式风格

高级日式酒屋分两种，一种是在高楼大厦里，一种是有单独的建筑物而独立存在的。两者的共通之处在于，它们都是封闭的，有着保守的外观。在高楼大厦里的当然是这样了，而即便是“独门独户”的酒屋，外观也相当保守、封闭，仿佛有一种想要撤去外观的意识在暗暗地涌动着。这种通过撤去外观而赋予建筑一种“难得”性的过程，正是我们在“俱乐部派”里所看到的。

勿庸置疑，日式酒屋的内部设计基本都是和式风格。这里的和风被当成象征家庭的道具而使用。日式风格的东西就象征着家庭的东西，从建筑风格到女演员的脸，这种理解被广为接受。普通的和风是不需要花太多钱的，而应该怎样给和风以适当的变形，使其既象征着家庭，又能成为需要门票才能进入的“高级”空间呢？在和风中，又存在哪些差别呢？这就是日式酒屋建筑需要解决的难题。

3. 和风的抽象化

对于这个课题的解答，通俗来讲，就是“酒屋和风”的风格。“酒

“日式酒屋派”简介表

思想体系	社用主义［日本酒派］、时髦
派别分类来源	日式酒屋的对话、《吉田五十八作品集》
参考建筑样式	酒屋和风
地址	从小田急线成城学园步行8分钟
居住情况	连同地皮买下的独门独院
家庭构成	丈夫，62岁，某建筑公司专务董事 妻子，58岁，茶道教授 儿子，36岁，8年前结婚，在庭园里建了房子
占地面积	108坪
楼地板面积	30.2坪
主体结构	主体构造：木造 外部装修：外壁 大理石灰浆喷涂［黄褐色］ 房顶 尾州瓦 内部装修：地板 羊毛地毯［狐毛色］ 墙壁 本聚乐土色［注：京都市内聚乐附近产的栗色系色土叫做聚乐土，用于粉刷墙壁。有灰白色调、灰·浅黄色调、灰褐色、栗色］ 天花板 杉木复合镂空板，透光天花板
建筑成本	123万日元／坪

屋和风”的基本点在于和风的抽象化。首先是尽可能地省略掉柱子，也就是不使用直壁[1]而改用大壁[2]，前面的拉门都被分割的很细，也尽量少用隔棂。这样的风格其实是昭和时期的发明，而非真正的和风。天花板上也不再使用竿椽[3]。像古老的数寄屋[4]、书院造[5]的天花板都是靠竿椽来支撑的。但是“酒屋和风”省去了这种竿椽，在天花板与天花板之间的细小空间里，再做了一种镂空的天花板，这也是“酒屋和风”的发明。

发明这些“酒屋和风”规则的，是和风建筑的大家吉田五十八[6]。这种风格经常被日式酒屋等和风的商业建筑采用。

原因还是跟和风抽象化本身密切相关。实际上，和风的“抽象化”正朝着“现代主义美学的和风”方向发展。镂空的天花板、省去柱子、省略窗棂，都是和风从现代主义美学中学到的。在日本，现代主义美学就意味着西洋文化，而西洋文化都是用金钱买来的有价值的舶来品。所以“酒屋和风”当然就是用金钱构筑起来的空间了。要解

---

[1] 和式木造建筑中的传统构造，将墙壁做在柱子跟柱子之间，露出柱子的墙壁。

[2] 柱子不露在外面的墙壁构造。

[3] 为了支撑天花板，在与天花板成直角的方向平行架上细的木材，一般都使用杉木、柏树，有时也用竹子或小圆木。

决既要有家庭感又要让人花重金的这种难题，必须将和风“抽象化”。并且，是要将其巧妙地抽象化。这时，就不得不引入西洋的现代主义美学，在日本的传统美学跟西洋美学之间找到一种折中。但是，日本人自己不会承认这点，在表面上坚决地追求着日本传统的本质，为的是维护一种纯粹的和式风格。

4．日本现代化的矛盾构造

这种矛盾，在日本的现代化进程中是共有的特质。就如在哈比达派与展示场派中提到的那样，日本中产阶级住宅中兴起的合理主义的“大义”，其下隐藏着美国风格。大量美国风格的商品涌入了中产阶级的住宅。他们一边打着要保持纯粹的和风的旗号，一边又引进了现代主义的元素，认为将现代主义与和风折中后的新样式更纯粹、更时髦，于是这种样式被日式酒屋家庭所采用。而这些不过是物质面的西洋化，是些高级的“歪理”，并且是隐藏在所谓的“大义”之下的构造。

---

[4] 为茶室增添情趣而建的书院造样式。省去门楣，采用圆木、土壁等自然要素，不讲究排场与样式，基于个人的创意而建，多用于别墅与私人客厅。

[5] 日本传统住宅的一种，客厅附带壁龛、隔板、书院。

[6] 吉田五十八〔1894—1974〕：建筑家。致力于数寄屋的现代化，通过设计粗拉门、枝条编格窗，将数寄屋建筑带到一个新境界。

不过，现在人们已经意识到了这种构造的存在。例如，在展示场派住宅，为什么露骨地仿照美国风格的商品就会博得人气呢？那是因为人们知道这种构造里都包含着哪些建筑风格，知道自己购买的其实是挂着合理主义名义的美国风格的东西。自己就是想买美国的手表——这样的人，如今都更单纯甚至是带点游戏心态地购买各种仿美国风格的东西。这也意味着，人们变得更有意识地去追求自己实际想要的东西了。可以说是看清了自己的兴趣爱好之后，又长了一只眼。也正是这只眼，看清了隐藏在这种构造中的实质。

这种解释同样适用于和风。我们不妨更单纯地来看和风这个传统，以及被西洋文化熏染后的现实状况，这种心情很好地流露在了村野藤吾[1]的和风建筑中。村野对于建筑的基本想法是——不将和风与西洋的现实对立起来，不在“纯粹”与“抽象”的概念之间纠缠，而是有意识地去探寻和风与西洋之间的折中风格。村野的这种构思，之所以能得到大多数人的支持，也是源于人们的认识发生了变化。也就是

[1] 村野藤吾［1891—1984］：日本代表性的现代建筑家。通过理解日本传统建筑与西洋样式的建筑，创立了自己独特的折中表现手法。

「日式酒屋派」住宅平面图

N

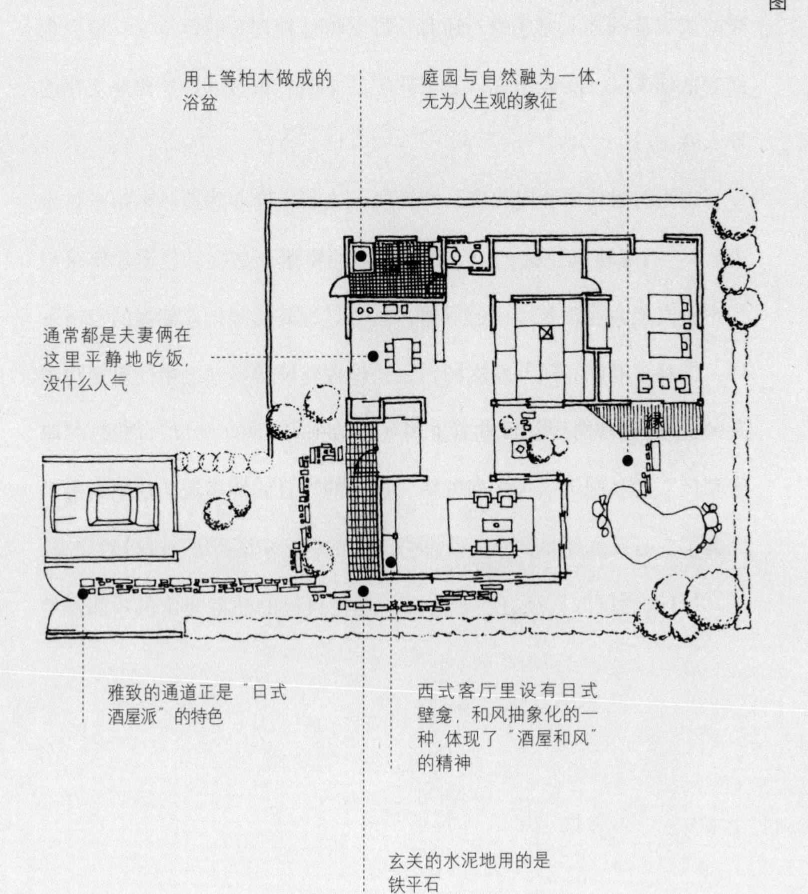

用上等柏木做成的
浴盆
庭园与自然融为一体，
无为人生观的象征
通常都是夫妻俩在
这里平静地吃饭，
没什么人气
縁
雅致的通道正是“日式
酒屋派”的特色
西式客厅里设有日式
壁龛，和风抽象化的一
种，体现了“酒屋和风”
的精神
玄关的水泥地用的是
铁平石

说，人们正在萌发这样的态度：在和风与西洋风格之间认识日本的现状，有意识地做出选择。

说是萌发，其实这种意识已经植根于人们的脑中，本书也是在这样的认识基础之上完成的。还有一群支持这种理念的建筑家，他们都倡导合理主义、功能主义，追求住宅的本质，也可以说是西洋文化的导入者。

让我们回到“酒屋和风”的话题上来。在商业建筑风潮席卷日本之后，“酒屋和风”就成为了和风住宅的模版。这次，住宅建筑采用了带有高级商业建筑印记的风格。这个过程其实跟俱乐部派的经历一样。推动“酒屋和风”发展的，正是隐藏在纯粹美学之中的对现代主义的追求。“日式酒屋派”住宅的中心还是在于“酒屋和风”，如果在“酒屋和风”的基础上加入一间茶室，这样的“日式酒屋派”住宅就近乎完美了。日式酒屋是高级、难得的，而茶室正好是高级、难得的代表。

“日式酒屋派”还有一个特征：觉得自己的住宅要比俱乐部派的

“日式酒屋派”表面特征表

	特色语言	表面特征的媒介	语言的象征
表层 [外观的特点]	隔着围墙可以看到大理石灰浆喷刷的外壁 [黄褐色]	日式酒屋	
	坚固气派的围墙		排他性
	柔和宽敞的屋顶		与自然的融合
用途安排 [设计上的]	没有私人空间		没有私生活 [不用抚养孩子]
	自然与住所的融合		自然与人的融合
	跟房间开放式的连接		不需要隐私的融合
空间 [有特色的房间]	“酒屋和风”的客厅	日式酒屋	排场、排他性、时髦
	茶室		文化程度高
内部设施 [有特点的小东西]	花柏木的浴缸		从工作中解放 [引退]、与自然的融合
动作姿态 [行为特征]	为客人解说茶室		文化程度高

住宅更高级。他们认为这样的建筑才是符合日本传统的，清洁、干净、保守，与自然融为一体，而“俱乐部派”不过是崇尚金钱，他们的住宅也陷入了舶来品信仰，陷入了舶来的名牌商品之中。那么，“日式酒屋派”就真的是那么“高级”的风格吗？其实，不管是“日式酒屋派”，还是“俱乐部派”，都是迪士尼乐园的子孙，没有本质上的区别。“日式酒屋派”唯一不同的地方在于它自身巧妙的“矛盾构造”。

10

历史屋派

结束

1. 人为什么憧憬历史屋派

在讽刺英国阶级社会的小说《阶级》[*Class*][1] 中，有这样一段描写："那个人住在自己买的房子里。"这种话要是出自劳动阶级之口，肯定是一种了不起的称赞口气，但如果是出自一个上流阶级人之口的话，就是一种没什么大不了的轻蔑口吻。那是因为上流阶级的人都住在世代相传的"家"里，就跟继承家具、银器这些遗产一样，"家"也是继承来的。

"历史屋派"指的就是几代人都住在同一栋房子里。我不太清楚日本现在有没有这样的人，即使有应该也是极少数。想象一下，那样的人住在那样的房子里也很无奈。建筑面积达到 200 坪，真正使用的面积不到 30 坪，维护好剩下的部分就非易事。打扫的时候不可能每个角落都打扫到，所有的家具、日常用品都积满灰尘，颜色也在慢慢

[1] 吉丽·库柏［Jilly Cooper］著，渡部升一译，Sankei 出版，1984 年。

褪去，狗呀猫呀的毛，不知什么时候就缠在了那儿。这样的房子在日本有多少，我也不太清楚。在这里，我特意举出这种少数派的例子，是有一定意义的。就如《阶级》一书中描写的那样，为什么人们对这样的“历史屋派”有着强烈的憧憬呢？[1] 这正是我所关心的。

这种憧憬，有时是会支配建筑家的。想建新家，又想新家起到商业宣传作用的建筑家，为何非要那些没建家的人来羡慕自己的房子呢？想想这也是个很讽刺的现象。例如，建筑家村野藤吾[2] 的宅邸，就是在古老民宅的基础上改建加工而成的。同样，建筑家山崎[3] 的宅邸也是这样建成的。两人都是世界级的建筑家，在建造自己的宅邸之时，都没有亲自设计，而是选择了改造历史屋派的住宅。

2. 盖房子是件难为情的事

原因很简单，因为，建新家是件很内疚、感到难为情的事——当然是指给自己盖新房。正因为是建筑家，才感到难为情。在给别

---

[1] 将这种憧憬描写得比《阶级》中更清楚的，是由简·戴维森与凯瑟琳·林赛共著的《中产阶级之声》中的一段："用涂料粉刷、装饰都是中产阶级干的事情……只要一说到装修，就立刻会有相对应的反应。"从这儿我们可以看到，上流社会的人不仅不会建新房，还不会在房子里进行装饰。

[2] 参见"日式酒屋派"一章。

[3] 山崎实［Minoru Yamasaki，1912—1986］：出生于西雅图的日本血统的美国人，世界级的建筑家。代表作是纽约的世贸大厦。

人盖房子的时候就完全不会。为什么只有在给自己盖房子时才会难为情呢？那是因为这个时候自己的兴趣爱好都展现出来了，所以觉得不好意思。在建房子的时候，不显示出自己的兴趣是不可能的。所谓兴趣，就是个人对事物好恶的判断。房子正是由事物堆砌而成的，建造时肯定会对事物作出判断。

那么，为什么展现兴趣爱好就会感到难为情呢？那是因为，自己看不清自己处在了一个怎样的“场所”里。这就好比是我们只会说日语，当不知道对方会说哪种语言的时候，我们就开始乱说一气；但如果知道对方不会说日语的话，我们就什么都不会说，也什么都不需要说；或者，如果知道对方会说日语的话，有什么说什么就行了，什么都不用担心。可问题就出在不知道对方会不会说日语的时候。那个时候“不知道怎么办才好的心情”正是我所说的“难为情”的心情。因为那个时候看不清那里的“场所”。这里所谓的“场所”，指的是一种由约定俗成的体系［密码］所支配的领域。这种约定俗成指的是一种符号代表什么、象征什么，它起到这种指示作用。还用前面提到的语言的例子，我们能约定“花”作为一种符号象征着什么，就是因为有一个“场所”存在。当“场所”不明确的时候，我们就会对象征的意义产生疑惑，应该怎么来理解，把它当成什么来理解——这才是这种“难为情”的感情原型。

建房子的时候，这个原则也适用。住宅是由各种事物、空间这样的符号组成的。有了符号，也就有了这个符号代表什么、象征什么的约定俗成［密码］。例如，壁龛代表什么，覆盖着镶边装饰草席的壁龛象征什么，这些都是规定好的。通用于所有人的约定俗成是不存在的，一般符号只是在某个领域内有着通用的象征意义，该领域就是“场所”。在某些“场所”，人们知道壁龛代表着什么，而其它人就完全不知道。建房子的时候，必须先要确定这些“场所”。地理上的场所可谓是一目了然的，但这种“场所”却是很难看清的。当看不清这样的“场所”时，建房子当然也就变成一种“难为情”的行为了。

3. 现代是看不见“场所”的时代

现代已经演变为一个认不清“场所”的时代。特别是像住宅这样,靠细微的约定俗成来支配的领域,就更不容易认清了。就连村野、山崎这样跟“现代”密切相关的建筑大师，在设计自家宅邸的时候，都会感到难为情，这就更能说明这一点。在这个认不清“场所”的时代中，我们只能依靠合理主义、功能主义。

不管是事物还是空间，都跟“场所”无关，它们的存在本身就是有意义的。因此“场所”这种东西是不需要的——这是合理主义，也是功能主义的立场。这里的“意义”在功能主义里被叫做“功能”，而基于它建立起来的建筑,就叫做现代主义建筑。不管能否确定“场所”，现代主义建筑都能建成。但是,“场所”是无处不在的。明白了这点，功能主义与现代主义也就成为批判的对象了。

合理主义的想法认为“场所”是不需要的，这最初是西洋式的想法。西洋的象征作用，最初是否定“场所”的存在的。西洋象征作用的基本精神是：存在着跟“场所”无关而具有意义的东西。[1] 然而，西洋本身就是支配这种基本精神的一个“场所”。相比之下，日本的象征作用本来指的是“场所中心”。[2] 在日本人的概念中，“场所”有很多，它们决定了事物的意义，这也是了解日本文化某些领域的前提，有意识的、游戏性的“场所”都是在这前提下存在的。可以说，这是日本文化原本的体系。日本人习惯先选择自己所在的“场所”，然后再大胆、细心地驾驭象征作用。所以说各个“场所”都是狭小的，但也正因如此，才形成了微妙、繁多的约定俗成［密码］。不幸的是，这样一个体系隐藏在了日本自身向往现代主义的呼声中。

[1] 关于西洋的象征作用，请回想在〝分类的前提〞中提到的爱奥尼亚式柱子的例子。

[2] 艾历克斯·李嘉乐所提出的针对日语的概念，参见〝分类的前提〞一章。

「历史屋派」住宅平面图

虽然有很多不同的房间，但实际使用的，只有餐厅跟厨房周围的一部分而已。

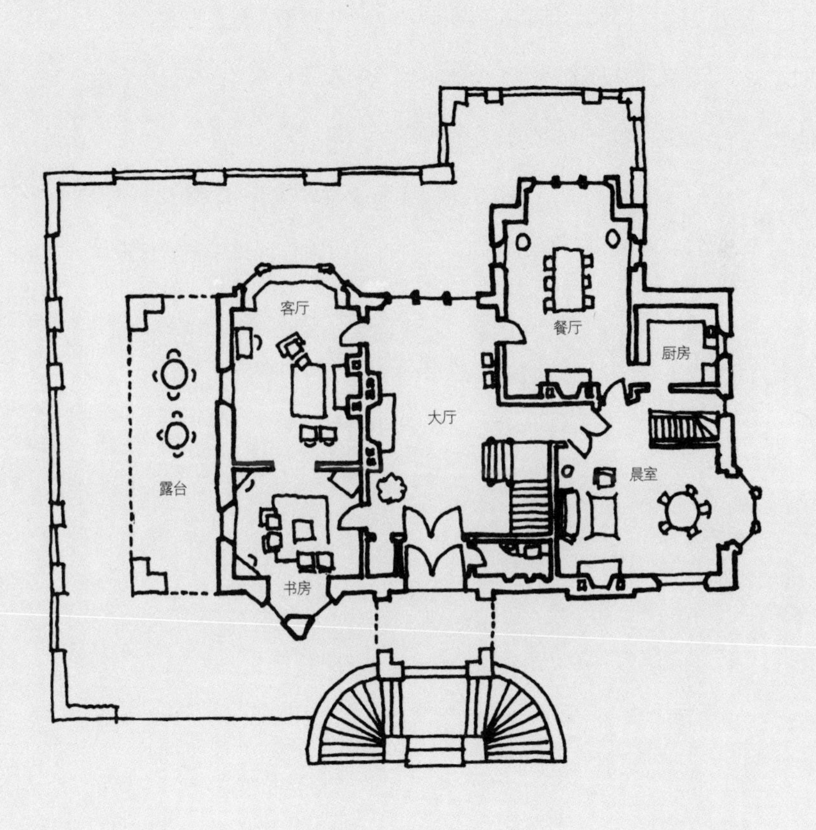

跋

本书想要说明的是，在日本的住宅文化中，“场所”存在于许多地方，并且各自拥有巧妙且复杂的约定俗成。本书所分的派别都是跟“场所”相对应的。具体说来，“场所”就是一部分人的集合。在现代主义、商业主义狂潮泛滥之时，日本式的“场所”体系依然存在，并且反而变得更有力，更高傲。本书想要描写的，正是这种生命力。

在写本书时，我所觉察到的是，日本的这种“场所”的存在，以及它的差异正日益突显。人们将目光重新投到了曾经因现代主义的出现而被忽视的“场所”之上。“金魂卷”现象就是一个很好的说明。“展示场派”住宅中出现的分化现象，也很好地印证了人们认识上的变化：竭力模仿美国风格的住宅表现手法变得更加露骨；和风住宅则展示出一种有着“时髦”风情的姿态。这些现象都说明，人们更加清晰地认识了“场所”，并通过“场所”更加有意识地、带着游戏心态去做选择。虽然用了“难为情”这个词，但人们却完全忘了“难为情”的概念，在看了各种各样的“场所”以后，反而很轻松地融入到了“场所”里。感到“难为情”的，恐怕只有建筑家自己了。

这种现象会给日本的住宅文化带来怎样的影响呢？这并不是本书要解答。我想要说明的一点是，“场所”的突显、住宅文化的游戏化，并不是仅在日本出现的现象。文丘里在《向拉斯维加斯学习》等著作中，说明建筑领域的象征作用正在表面化时，也就说明了“场所”的突显化。[1] 另外，曼弗雷多·塔夫里［Manfredo Tafuri］[2] 使用了“深

---

[1] 参照“分类的前提”一章。

[2] 曼弗雷多·塔夫里［Manfredo Tafuri，1935—1994］：现代建筑理论家，曾于威尼斯大学建筑史研究所工作，并曾于罗马大学当教授。

闺中的建筑”一词，指出“场所”是一种十分封闭的狭小空间，这一事实也是说明“场所”突显的一个例子。[3]“场所”正于世界各地慢慢突显出来，人们也越来越多地意识到“场所”的存在，并开始“把玩”这种“场所”。[4]本书挑选了最“场所中心”的国家为例子，对“场所”做了一次写生。这种潮流会把住宅风格引向何方，是我们需要思考的。

笔者在纽约期间完成了本书的创作。在纽约写完本书不过是一次偶然，应该在日本完成的书，却被带到了纽约。距离确实是会催生问题意识的，而且视点受精神因素的影响并不大，大部分是受物理条件的左右。笔者所在的物理位置，无疑对本书的内容产生了很大影响。近一点的话，可能写出来就不是这样的内容了；过于远的话，可能就看不到日本住宅的各个细微之处。在纽约写成，刚好成就了本书的这种风格。

TOSO 出版社的持田明彦先生、清野仁与先生为本书的出版做出了巨大贡献。感谢二位身在日本，仍不断地鼓励远在纽约的笔者。

[3] 曼弗雷多·塔夫里，"L'architecture dans le bondoir"，*oppositions*，第 3 期。

[4] 这种现象跟哲学里的"解构"是连动的。

文库版后序

这也是随着时间的推移，自己才发现的事实：这本书不过是一种捏造，也就是一种假想，跟日本的住宅、与住宅有关的现实没有任何关系。所以，作者才自负地认为，这本书能跨越时间，永久地保留下去。

日本有十个阶层，各个阶层都有自己固有的住宅风格，这些不过是作者虚构出来的。实际上，日本是不存在这些阶层的。日本的房子也都差不多，且比较散漫。不过对阶层的欲望显然是存在的。对住宅、空间的倾心、热情，并非产生于对功能、美、真实的欲望，而是产生于对阶层的欲望。这种对于不成熟阶层的欲望，就好比是对不成熟幼儿的性爱，只能变成一种怪诞的东西。很多日本人在自我中膨胀，在无限接近这种幻想的过程中，感受到了欲望的性质本身，以及它的庞大，所以我认为，《十宅论》这样关于阶层的假想是可以的。对于那些抱着非假想态度去读，到头来扑了空的读者，我表示深深的歉意。

聽松文庫
tingsong LAB

出　　品 | 听松文库
出版统筹 | 朱锷
封面设计 | 小矶裕司
设计制作 | 汪阁
翻　　译 | 朱锷
法律顾问 | 许仙辉［北京市京锐律师事务所］

图书在版编目(CIP)数据

十宅论 / (日) 隈研吾著 ; 朱锷译.
—桂林 : 广西师范大学出版社, 2019.3
ISBN 978-7-5598-1644-3

Ⅰ. ①十… Ⅱ. ①隈… ②朱… Ⅲ. ①住宅－建筑设计－日本 Ⅳ. ①TU241

中国版本图书馆CIP数据核字(2019)第040921号

责任编辑 | 马步匀

广西师范大学出版社出版发行

广西桂林市五里店路9号　邮政编码：541004

网址：www.bbtpress.com

出版人：张艺兵
全国新华书店经销
发行热线：010-64284815
北京图文天地制版印刷有限公司印装

开 本　1230mm × 880mm　1/32
印 张　7.75
字 数　159千字
版 次　2019年3月第1版
印 次　2019年3月第1版
定 价　58.00元